Andrea Kutsch wurde 1967 in Frankfurt am Main
geboren. Sie war Dressur- und Springreiterin, Polo-
Spielerin und Profi-Windsurferin von Weltrang.
Heute ist Andrea Kutsch die einzige von Monty
Roberts legitimierte Ausbilderin und Problem-
pferdetrainerin in Deutschland in seinem Namen.
Im September 2006 nahm die von ihr gegründete
»Andrea Kutsch Akademie« ihren Lehrbetrieb auf
und bietet einen dreijährigen Studiengang der
Pferdekommunikationswissenschaft an. Andrea Kutsch
lebt und arbeitet in der Nähe von Berlin.

ANDREA KUTSCH

DIE PFERDEFLÜSTERIN ANTWORTET

Was Sie schon immer
über Pferde und Menschen
wissen wollten

BASTEI
LÜBBE

BASTEI LÜBBE TASCHENBUCH
Band 60626

1. Auflage: Dezember 2009

Vollständige Taschenbuchausgabe
der im Gustav Lübbe Verlag erschienenen Hardcoverausgabe

Bastei Lübbe Taschenbücher und Gustav Lübbe Verlag
in der Verlagsgruppe Lübbe

Copyright © 2007 by Verlagsgruppe Lübbe GmbH & Co. KG,
Bergisch Gladbach
Redaktionelle Bearbeitung: Christiane Landgrebe, Berlin
Titelbild: © Jacques Toffi Fotograf, Hamburg
Umschlaggestaltung: Gisela Kullowatz
Autorenfoto: © toffi-imges
Satz: Bosbach Kommunikation & Design GmbH, Köln
Gesetzt aus der Weiss
Druck und Verarbeitung: CPI – Ebner & Spiegel, Ulm
Printed in Germany
ISBN 978-3-404-60626-9

Sie finden uns im Internet unter
www. luebbe.de
Bitte beachten Sie auch: www.lesejury.de

Besuchen Sie Andrea Kutsch auf ihrer Homepage:
www.andreakutschakademie.com

Der Preis dieses Bandes versteht sich einschließlich
der gesetzlichen Mehrwertsteuer.

Im weiten Meere musst du an beginnen!
Da fängt man erst im Kleinen an
Und freut sich, Kleinste zu verschlingen,
Man wächst so nach und nach heran
Und bildet sich zu höherem Vollbringen.

Johann Wolfgang von Goethe

INHALT

Wer hat eigentlich den Begriff »Pferdeflüstern« aufgebracht?
Sind Sie damit einverstanden? · Welche körperlichen und geistigen
Voraussetzungen sollte man für den Beruf des Pferdeflüsterers
mitbringen? · Reagieren Pferde auf »Pferdeflüsterinnen« anders als
auf »Pferdeflüsterer«? · Stoßen Sie beim Pferdeflüstern auch mal
auf »taube« Pferdeohren? · Können Bücher wie *Der Pferdeflüsterer* von
Nicholas Evans und der gleichnamige Film mit Robert Redford
oder andere Bücher und Filme Ihrer Ansicht nach dazu beitragen,
die Welt pferdefreundlicher zu machen?

Was ist das Geheimnis erfolgreicher Kommunikation zwischen
Mensch und Pferd? · Sie sprechen von einer »Sprache der Pferde«.

Verfügen Pferde tatsächlich über eine eigene Sprache? ·
Was ist JOIN-UP? · Lernen Pferde wie Menschen? · Findet
die Sprache der Pferde Berücksichtigung in der heutigen Literatur
und in den Lehrinhalten der traditionellen deutschen Reitlehre? ·
Gibt es von Natur aus schwierige Pferde? · Gibt es wichtige Unterschiede im Verhalten von Stuten, Hengsten und Wallachen? ·
Stellen Sie bei Ihrer Arbeit mit Pferden rassetypische Charakterunterschiede fest? Gibt es besonders menschenbezogene Pferderassen? · Arbeiten Männer anders mit Pferden als Frauen? · Was
sind die Gründe dafür?

Über den Umgang mit Pferden 63

Was ist für Sie die Voraussetzung, dass Menschen mit Pferden
richtig kommunizieren? · Was bedeutet es, in der Beziehung zu
einem Pferd die Anführerrolle zu übernehmen? · Warum ist es
wichtig, einem Pferd gegenüber konsequent zu sein? · Wie setzen
Sie Ihr Prinzip, stets konsequent zu sein, in der Praxis um – wenn Sie
zum Beispiel einem jungen Pferd beibringen, sich führen zu lassen? ·
Darf man gegenüber Pferden Kompromisse eingehen? · Wie unterscheidet sich Ihre Arbeit mit Pferden von anderen »sanften« Methoden, wie sie andere Trainer praktizieren und auch als artgerechten
Umgang mit Pferden bezeichnen? · Warum klappt vieles bei
Ihren Vorführungen in der Öffentlichkeit, doch danach fällt das
Pferd bei seinem Besitzer in das alte Muster zurück? ·
Sie lassen Reiter auf rohe und wilde Pferde oft schon nach einer

halben Stunde aufsteigen. Ist dieser Zeitpunkt nicht zu früh? ·
Warum haben so viele Pferde in der Gegenwart von Menschen,
auf dem Turnierplatz und im täglichen Umgang Angst und
sind nervös? · Warum scheuen Pferde, und was ist Scheuen
eigentlich? · Wie bestrafen oder belohnen Sie Pferde? ·
Gibt es Tageszeiten, die sich für die Arbeit mit Pferden besser
eignen als andere? · Wie viel Schlaf braucht ein Pferd? ·
Was muss man beachten, wenn man einen Trainingsplan für ein
Sportpferd erstellt? · Finden Sie das regelmäßige Longieren
als Trainingsmaßnahme sinnvoll? · Was halten Sie von Führmaschinen und Laufbändern, auf denen im Bereich des Sports
Pferde trainiert werden? Kann man sie auch in anderen Bereichen
einsetzen? Halten Sie das für sinnvoll und artgerecht? ·
Sind manche Zweige des Pferdesports artgerechter und pferde-
freundlicher als andere? · Was kritisieren Sie an den Sport-
reitern am meisten? · Wie bemisst man überhaupt sportliche
Leistung beim Pferd? · Was halten Sie von einer Helm-
pflicht im Umgang mit Pferden? · Welcher Fehler wird im
Umgang mit Pferden am häufigsten gemacht? · Was halten Sie
von der traditionellen Arbeit mit Pferden? · Was halten
Sie von Menschen, die gegenüber Pferden Gewalt anwenden? ·
Hat die Rangfolge eines Pferdes im Herdenverband
Einfluss darauf, wie sich das Pferd gegenüber Menschen gibt?
Pferde schlagen sich doch gegenseitig – kann da der
Mensch nicht auch »mal draufhauen«? · Wo beginnt für Sie
Gewalt? · Viele Reiter sagen, dass die Peitsche und Sporen
nur ein Signal seien und man damit dem Pferd kein Leid zufüge.
Was halten Sie von dieser Aussage? · Kann durch Ihre Art

des Umgangs mit Pferden Gewalt eingedämmt werden? · Was kann
der Mensch von Pferden lernen?

Die Andrea Kutsch Akademie (AKA) 163

Wie haben Sie es geschafft, Ihren Traum von der Akademie zu
verwirklichen, und wie weit sind Sie bis heute gekommen? ·
Warum eine eigene Fachhochschule? · Es heißt häufig, dass Sie
mit Ihrer Idee nur Kommerz betreiben würden, geschickt eine
Marke aufgebaut hätten und es Ihnen eigentlich gar nicht um die
Sache ginge. · Welche Voraussetzungen muss man erfüllen,
um an der Akademie angenommen zu werden? · Wie sind die
ersten Monate in der Akademie verlaufen? · Warum arbeiten
Sie wissenschaftlich? Der Umgang mit Pferden ist doch eigentlich
praxisgebunden? · Was ist das Besondere am wissenschaftlich
fundierten Umgang mit Pferden? Was machen Wissenschaftler
anders als Reiter, die praktisch mit Pferden umgehen? · Wie
setzt man wissenschaftliche Erkenntnisse in Ihrer Akademie konkret
um? Wie bringen Sie das den Studierenden bei? · Wie lässt sich
Ihre Arbeit mit der Auffassung von Paul Schockemöhle vereinbaren,
der ja für einen gänzlich anderen Umgang mit Pferden bekannt ist?

Persönliches 187

Wer ist Ihr Lehrer Monty Roberts? · Wie unterscheidet sich Ihre Arbeit von der Ihres Lehrers? · Gibt es noch andere Pferdetrainer in Deutschland, die von Monty Roberts ausgebildet wurden und berechtigt sind, in seinem Namen zu arbeiten? · Was hat Ihnen die wissenschaftliche Arbeit persönlich gebracht? · Sind Sie zufrieden mit dem, was Sie bisher geleistet haben? · Was sind Ihre Ziele nach dem Aufbau der Akademie? · Was ist das Wichtigste, das Sie persönlich von Pferden gelernt haben?

VORWORT

Wir schreiben das Jahr 2007. Noch immer ist die Peitsche der meistverkaufte Gegenstand der Pferdewirtschaft. Noch immer sehe ich, selbst auf großen und erfolgreichen Gestüten, Machenschaften im Umgang mit Pferden, die mich tief betroffen machen. Ich spüre das Leid der Pferde so sehr, dass auch ich verletzt bin.

Jahrhundertelang haben viele Menschen die Pferde falsch behandelt, sie unterdrückt, gequält und ihnen ihre Freiheit und ihren Lebensraum genommen. Dies kann man nicht ungeschehen machen. Doch es gibt einen Weg, den Pferden das zurückzugeben, was der Mensch ihnen genommen hat: ihren Frieden. Dies ist der Sinn meiner Arbeit mit Pferden und Menschen.

Dabei strebe ich immer wieder die Kooperation auch mit jenen traditionellen und bäuerlichen Pferdefachleuten und selbst ernannten Experten an, die nach wie vor darauf bestehen, man habe bestimmte Vorgehensweisen seit Jahrhunderten erfolgreich so praktiziert, dass es keinerlei Grund gäbe, sie zu ändern. Ihnen ist nicht bewusst, was Menschen den Pferden angetan haben. Ich bitte sie im Sinne der wissenschaftlichen Weiterentwicklung, ihre Haltung zu überdenken.

Inzwischen gibt es viele Menschen, die sich wünschen, Handlungen und Aktionen des Pferdes zu verstehen, und die ihren Wissensdurst stillen wollen. Im Zweiten Weltkrieg verlor die deutsche Armee zwei Millionen Pferde. Die russische Armee verlor vier Millionen. Noch immer basieren Teile der traditionellen Pferdelehre auf der Dienstheeresvorschrift Nummer zwölf, und Teile der Ausbildung der deutschen Pferdepraktiker orientieren sich an den damaligen Vorgehensweisen und Umgangsformen.

Mir liegt sehr viel daran, ein Bewusstsein dafür zu wecken, was Menschen den Tieren, insbesondere den Pferden, meist aus Unwissenheit angetan haben und antun, ihre Aufmerksamkeit dafür zu wecken, sie um Verständnis zu bitten. Es ist eine wunderschöne Vorstellung, zu der Erkenntnis beitragen zu können, dass es höchste Zeit ist, sich von althergebrachten Praktiken zu verabschieden: Peitschen, Sporen, Steiggebisse, Ausbinder, Hengstketten, Schlaufzügel, Kappzäume, Nasenbremsen sollten durch kompetente Kommunikation ersetzt werden und früher oder später der Vergangenheit angehören. Manche Werkzeuge, die in der bäuerlichen und militärischen Zeit ihre Berechtigung gehabt haben mögen, können nun langsam aus dem Unterricht an Berufs- und Reitschulen verabschiedet werden, da wir über neue Erkenntnisse verfügen. Mit Gründung der Andrea Kutsch Akademie (AKA) beginnt die Epoche der Wissenschaftlichkeit, und wissenschaftliches Denken zu verbreiten ist eine meiner wichtigsten Aufgaben.

Nun sagen viele Fachleute, man solle die alten Mittel der Pferdewirtschaft nicht verurteilen, sondern es komme nur darauf an, wie man mit ihnen umgeht. Meine Erfahrungen der letzten Jahre lassen mich allerdings mehr und mehr Abstand davon nehmen. Es kann durchaus sein, dass diejenigen, die solche Mittel jahrelang selbst verwendet haben, diese Betrachtungsweise annehmen müssen, um das eigene Gesicht zu wahren. Schmerzverursachung als Bestrafungsalternative hat jedoch auf Dauer nie zu Erfolgen geführt – weder in der Pädagogik noch in der Pferdewirtschaft.

Im Umgang mit Pferden erlebe ich bis heute Praktiken, von denen man denken würde, die Pferdewirtschaft hätte sich von ihnen endgültig verabschiedet. Aber sie sind immer noch da, manche davon verpackt in die Worte des natürlichen oder intelligenten Horsemanship. Oftmals sind die Mittel der Vergangenheit bei näherem Hinsehen nur verpackt in ein neues Gewand.

Erlauben Sie mir an dieser Stelle die Darstellung einer Haltung, die man einnehmen könnte, wenn man nur die eine Seite der Medaille betrachtet – wissend, dass sich in den letzten Jahren einiges getan hat, dass es viele Menschen gibt, die sich bemühen, alles richtig zu machen, und dass viele in der Praxis artgerecht und gewaltfrei agieren und dabei auch noch erfolgreich im Sport platziert sind.

Ich meine hier jene, bei denen es noch nicht so ist und gewaltfreier, artgerechter Umgang mit Tieren noch keinen Einzug gehalten hat. Da fliegen noch immer Stangen und Latten zwischen Pferdebeine, damit sie höher springen. Pferde bekommen die Bahnpeitschen zwischen die Beine, während die Sporen sie blutig stechen. Das scharfe Gebiss im Maul hält sie, um Dressurkunststücke zu erlernen.

Pferde, die keine Hufe geben, werden mit Gummischläuchen gefesselt. Pferde, die unreitbar sind, werden für den Freizeitsport verkauft. Dort ergeht es ihnen kaum besser. Menschen haben Pferde, die weder auf Hänger gehen noch Füße geben oder kopfscheu sind, buckeln, steigen, so zugerichtet und dann verkauft. Die Verkäufer, die für den Zustand dieser Pferde verantwortlich sind, schieben den Freizeitleuten die Schuld in die Schuhe und werfen ihnen vor, mit Pferden nicht umgehen zu können.

Aufgrund eigenen Erlebens nehme ich dazu eine ganz klare Haltung ein: Es kommt kein schlechtes Pferd auf die Welt. Kein Pferd wird geboren und sagt: »In einen Hänger gehe ich nicht.« Pferde versuchen, es richtig zu machen. Sie verfolgen nur zwei Ziele: Überleben und Fortpflanzen. Sie sind anders als Menschen. Sie sind Fluchttiere. Sie kämpfen nicht, sondern wollen nur überleben. Als Herdentiere verfügen sie über eine unglaubliche soziale Intelligenz, der Schutz des Herdenverbandes ist das oberste Gebot. Sie töten nicht, sie fordern nicht heraus. Sie leben im Einklang mit Natur, Raum und Zeit. Wenn Sie diese braunen, warmen, weichen Pferdeaugen aus meinem Blickwinkel sehen können, dann verstehen Sie, dass auch andere ihre Not und Hilflosigkeit erkennen.

Ich schreibe dieses Buch, um Augen zu öffnen, nicht, um anzuklagen. Ich möchte Missstände aufdecken – in der Hoffnung, eines Tages einen Zustand des Friedens, des gegenseitigen Verständnisses und der richtigen Kommunikation zwischen Mensch und Pferd herzustellen und den quälenden Umgang mit Pferden zu beenden. Wenn wir wissenschaftliche Forschung betreiben, wenn wir die unterschiedlichen Glaubensrichtungen im Umgang mit Pferden bestätigen beziehungsweise verneinen können, wenn wir wissen und nicht mehr nur glauben und uns gegenseitig zu überzeugen versuchen, erst dann kann ich selbst auch zur Ruhe kommen.

Dieses Buch soll Fragen beantworten, die mir am häufigsten gestellt werden. Es sind Fragen über die Unterschiede zwischen Menschen und Pferden, über die gängigsten Fehler der Pferdewirtschaft, über die Möglichkeit, andere Wege zu gehen, über mich und meine Arbeit. Es sind Fragen, die bewegen und erklären.

Ich werde nicht aufhören, Aufklärung zu betreiben, meine Philosophie von einer Welt in Frieden und Harmonie zu verbreiten. Ich werde bis ans Ende meiner Tage den starrköpfigen und uneinsichtigen Pferdeleuten mit konstruktiver Höflichkeit auf die Nerven gehen und mit Geduld und Weitsicht dafür Sorge tragen, dass eine Besserung eintritt. Dieses Büchlein ist ein weiterer kleiner Meilenstein auf diesem Weg und soll meinen Lesern dabei helfen, die Zusammenhänge besser zu verstehen.

Andrea Kutsch

ÜBER DAS PFERDEFLÜSTERN

Wer hat eigentlich den Begriff »Pferdeflüstern«
aufgebracht? Sind Sie damit einverstanden?

Die Medien haben mich zur Pferdeflüsterin gemacht.
Zunächst habe ich mich gegen den Begriff gewehrt,
ihn aber mit der Zeit doch akzeptiert – und mittlerweile
identifiziere ich mich zeitweise sogar gern damit.

Natürlich erinnert die Bezeichnung »Pferdeflüsterer« oder »Pferdeflüsterin« immer an den Film von
Robert Redford, mit dessen Darstellung des Pferdeflüsterers ich persönlich nicht einverstanden bin. Das Wort
»Flüstern« kann ich in diesem Zusammenhang jedoch
akzeptieren, denn es macht deutlich, dass man mit
dem anderen Lebewesen sehr ruhig, leise und behut-
sam umgeht. In der Realität jedoch setze ich, wenn ich
mit Pferden »flüstere«, kaum jemals Worte ein, sondern
Blickkontakt und Körpersprache. Diese Art der Kommunikation bewirkt, dass man mit seinem Gegenüber
sehr besonnen umgeht. Und sehr leise.

Eigentlich jedoch bezeichne ich mich als Pferdetrainerin, die in der Form des Trainings immer versucht, so
nah wie möglich an der Natur zu arbeiten. Das bedeutet, dass man Kompetenz über natürliche Spielregeln
gewinnen und sich Kenntnisse aneignen muss, die unterscheiden helfen zwischen konditionierten, also er-
lernten Verhaltensweisen, die man umtrainieren kann,
und instinktiven Verhaltensweisen, also angeborenen,

die man kaum umtrainieren kann. Mit diesen muss man versuchen zu kooperieren und sie in positivem Sinne einzusetzen.

Welche körperlichen und geistigen Voraussetzungen sollte man für den Beruf des Pferdeflüsterers mitbringen?

Wichtigste Voraussetzungen für diesen Beruf sind Offenheit, Einfühlungsvermögen und die Fähigkeit, konsequent und auch streng zu sein – mit dem Pferd ebenso wie mit sich selbst. Mangelnde Konsequenz ist im Umgang mit dem Pferd ebenso schädlich wie die Anwendung von Gewalt. Unerlässlich ist außerdem eine gute körperliche Kondition.

Wer sich überlegt, diesen Weg einzuschlagen, sollte auch bedenken, dass das Pferdeflüstern bei aller Sanftheit im Umgang mit Pferden doch auch ein sehr harter Beruf ist. Ähnlich wie ein Tierpfleger, ein Pferdewirt oder ein Tierarzt ist auch eine »Pferdeflüsterin« immer im Dienst, Tag und Nacht, bei jedem Wetter, und kennt Wörter wie Urlaub oder Feiertage meist nur vom Hörensagen.

Reagieren Pferde auf »Pferdeflüsterinnen« anders als auf »Pferdeflüsterer«?

Frauen stehen Fluchttieren in gewisser Weise näher als Männer. Da Frauen und Kinder über vergleichsweise geringe körperliche Kraft verfügen, neigen sie dazu, Konflikte anders als durch körperliche Gewalt zu lösen – nämlich durch Kommunikation. Dementsprechend verstehen sich Mädchen und Pferde in vielen Fällen besser als Jungs und Pferde, vor allem in den ersten jungen Jahren des gegenseitigen Kräftemessens. Ein wichtiger Aspekt ist auch die Erziehung von Kindern und Jugendlichen. Mit einem Mädchen bleibt eine Mutter häufiger an einer Weide stehen und zeigt ihm bereits entsprechende Fürsorge zu Pferden wie Füttern und Achtsamkeit. Bei einem Jungen hingegen wird frühzeitig oftmals eher ein Bagger oder Kran Beachtung finden als das Kaninchen, das es zu versorgen gilt.

Sowohl Pferde als auch Menschen verfügen über angeborene Aktions- und Reaktionsweisen – kurz gesagt, über Instinkte. Ich bin davon überzeugt, dass Männer instinktiv körperliche Kraft eher einsetzen als Frauen. Dennoch kann man nicht pauschal sagen, dass Männer härter mit Pferden umgehen; ich finde es jedoch auffällig, dass Frauen dank ihres Einfühlungsvermögens und ihrer Kommunikationsbereitschaft häufig schneller und effizienter ans Ziel gelangen als Männer.

Stoßen Sie beim Pferdeflüstern auch mal auf »taube« Pferdeohren?

Das Kommunikationssystem des Pferdes existiert über viele Millionen Jahre und findet sehr erfolgreichen Einsatz in der Interaktion. Pferde sind angewiesen auf Stärke durch Anzahl und setzen eine sehr effektive soziale Interaktion wirksam ein. Das bedeutet, dass Pferde auf der ganzen Welt mit einem einheitlichen System agieren. Das Arbeiten mit »Equus«, der von Monty Roberts sogenannten Sprache der Pferde, erfordert kein Gehör, sondern nur ein gutes Auge. Pferde sind assoziative Denker: Sie nehmen Informationen in Bildern auf und speichern diese ab. Wenn man einem Pferd das richtige Bild bietet, erhält man von ihm eine entsprechende Information beziehungsweise Reaktion.

Viele Merkmale weisen darauf hin, dass ein Pferd nicht strategisch denken, sich also auch nicht verstellen kann. Wenn man dem Pferd einen Wunsch korrekt und auf eine verständliche Weise mitteilt, wird es diesen Wunsch erfüllen, indem es die geforderte Reaktion zeigt. Pferde haben nur zwei Ziele im Leben: die Fortpflanzung und das Überleben. Wer das berücksichtigt, wird stets auf willige und kooperative Pferdeohren treffen. Das Wichtigste ist, dass man die Information in einer für das Pferd verständlichen Sprache übermittelt – am sinnvollsten in »Equus«.

Können Bücher wie *Der Pferdeflüsterer* von
Nicholas Evans und der gleichnamige Film
mit Robert Redford oder andere Bücher
und Filme Ihrer Ansicht nach dazu beitragen,
die Welt pferdefreundlicher zu machen?

Der Film hat sicher dazu beigetragen, eine Entwicklung
hin zum gewaltfreien Umgang mit Pferden in die Wege
zu leiten. Dennoch kommt dieser Film nicht ohne Gewaltanwendung aus. Am Ende des Films wurde das Pferd
gefesselt, und das Mädchen setzte sich zur brutalen Demonstration menschlicher Dominanz auf das gefesselte
Tier.

Diese Darstellung findet nicht meine Zustimmung,
da genau solche Szenen diejenigen sind, für deren Aus-
räumung ich mein Leben verwende. Ich wünsche mir
von Herzen, dass diese Bilder bald der Vergangenheit angehören und aus der Realität der Reiterei und
dem Umgang mit Pferden langfristig verschwinden.
Ich finde, dass der gesamte Film letztlich nichts anderes darstellt als eine Aufarbeitung des amerikanischen
Cowboy-Mythos, mit einer Liebesgeschichte garniert.

Unmittelbar nachdem der Film in den USA in die
Kinos kam, wurde er – auch von mir – heftig diskutiert.
Es war wohl nicht möglich gewesen, Robert Redford
diese Schlussszene auszureden. Zahlreiche Tierschutz-

organisationen haben sich im Vorfeld dafür eingesetzt, dass diese Szene aus dem Drehbuch genommen und beispielsweise durch Aufnahmen eines JOIN-UP ersetzt wurde. Leider hatte sich niemand gegen Robert Redford als Produzent des Films durchsetzen können.

Der gesamte Film, der wunderschöne Naturaufnahmen zeigt, verlor für mich seinen Zauber aufgrund dieser Szene.

ÜBER PFERDE UND MENSCHEN

Was ist das Geheimnis erfolgreicher Kommunikation zwischen Mensch und Pferd?

Menschen sind hochkomplexe Wesen und stehen nicht nur in Beziehungen zu ihresgleichen und anderen Lebewesen; sie haben auch ein Bewusstsein von sich, ihrer Umwelt und dem, was sich darin befindet. Das macht ihnen Kommunikation auf zwei Kanälen möglich. Zum einen können sie ihre Befindlichkeit und ihre Bestrebungen direkt und unverfälscht ausdrücken. Sie können aber auch etwas darstellen, das heißt, ihrer Umwelt etwas, das sie bewusst »konstruiert« haben, mitteilen. Verschiedenste Vorstellungen, Abwehrprozesse der eigenen Empfindung, Impulse aus dem Unbewussten oder einfach die Neigung, sich nach dem sozial Wünschenswerten auszurichten, beeinflussen unser Bild von uns selbst und damit unser Verhalten anderen gegenüber. Menschen können über sich und die Welt nachdenken und verhalten sich entsprechend ihrer eigenen Wahrnehmung. Danach können sie auch ihre Kommunikation ausrichten.

Pferde hingegen drücken mit ihrer Körpersprache relativ direkt und unverfälscht ihre innere Befindlichkeit aus. Auf einen bestimmten Reiz oder ein wahrgenommenes Bild folgt eine Reaktion. Oft vergisst der Mensch im Umgang mit Pferden, dass auch er über eine nonverbale Gestik verfügt, die seine wahre Empfindung unabhängig vom gesprochenen Wort ausdrückt.

Wir stehen im ständigen Ausdruck unseres meist unbewussten Seelenzustandes durch unsere Gestik, Körperhaltung, aber auch mit unserer Stimmungslage und anderen nonverbalen Aktionen. Der Mensch sollte berücksichtigen, dass solche Formen des Ausdrucks beim Pferd viel eher ein bestimmtes Verhalten bewirken können als das gesprochene Wort.

Oft wundern sich Menschen, warum sich ein Pferd in einer brenzligen Situation nicht mit dem Laut »Hooohooo« oder mit den Worten »Ist er ja ruuuhig« beruhigen lässt, sondern immer nervöser wird. Hier liegt eine Unstimmigkeit vor zwischen der Absicht des Menschen, durch Worte Ruhe zum Ausdruck zu bringen, und dem wahren Ausdruck seiner Körpersprache. Unsere Gestik ist das geeignete Kommunikationsmittel, um dem Pferd in der jeweiligen Situation die eigene Absicht verständlich zu machen.

Wenn ich mit meinem Pferd in eine gefährliche Lage gerate, in der mein Unterbewusstsein den Unfall bereits kommen sieht, dann orientiert sich das Pferd nicht an meinen Worten, sondern an meiner Gestik.

Zur Kommunikation mit dem Pferd gehört unter anderem auch der Ausdruck der Augen, ein maßgebliches Orientierungsmerkmal für Pferde. Sie reagieren auf ein bedrohlich wirkendes, starrendes Auge genauso stark wie auf einen sanften und zarten Augenausdruck. Gerade in Notsituationen, in denen das Pferd eine Gefahr spürt, die sein Überleben gefährden könnte, wird es sich an meinen körperlichen Signalen orientieren, also an meiner gesteigerten Nervosität, meiner unwillkürlichen Muskelanspannung, an zitternden Händen, Veränderungen im Gesichtsausdruck, wie zum Beispiel dem nervösen Lippenkauen oder Lippenzittern, an zögernden Körperbewegungen ebenso wie an meiner Atem- und Herzfrequenz.

Oftmals eskalieren Situationen, in denen Gefahr für Mensch und Pferd besteht, genau durch diesen gegenseitigen nonverbalen Austausch. Die Sinnesorgane der Pferde sind sehr sensibel. Selbst ein Angstschweißgeruch, der mit einer erhöhten Pulsfrequenz einhergeht, wird umgehend wahrgenommen und kann zu gesteigerter Nervosität führen.

Dieses in meiner langjährigen Praxis häufig beobachtete Verhalten lässt vermuten, dass die nonverbale Kommunikation wahrgenommen wird, kaum jedoch die verbale. Noch nie konnte ich beobachten, dass ein »Hooohooo« in einer tatsächlich gefährlichen Situation das Pferd beruhigt hätte. Es war vielmehr die Gelassenheit der beteiligten Personen.

Der Mensch gesteht sich nur selten ein, dass er Teil des Schreckensszenarios ist, und macht sich selbst und anderen etwas vor, indem er äußere Umstände oder Dritte beschuldigt. Er versucht damit, etwas zu sein und darzustellen, was er in seinem wahren Inneren nicht ist. Oft weicht der verbal mitgeteilte Inhalt einer Aussage vom tatsächlichen, nonverbal ausgedrückten

Verhalten ab. In meinem Buch *Die Pferdeflüsterin erzählt* beschreibe ich zahlreiche solcher Beobachtungen.

Das geheimnisvolle Wort der wahren Kommunikation, der wahren Pferdeflüsterei ist »Authentizität«, Echtheit. Eine entsprechende Kommunikation des gegenseitigen »blinden Verstehens« oder eben des »stummen Verstehens« ist nur möglich, wenn in der Person, in der Beziehung Stimmigkeit herrscht. Stimmigkeit, wie sie Pferde in sich tragen, die nicht strategisch agieren, sondern direkt auf das, was da ist, und nicht auf etwas, dessen Da-Sein man vermuten könnte. Authentizität bedeutet Abstimmung oder Übereinstimmung zwischen innerem Erleben, Bewusstsein und Ausdruck.[1]

Authentizität wird – vereinfacht ausgedrückt – durch eine Stimmigkeit zwischen »Kopf, Herz und Bauch« hergestellt. Es muss Stimmigkeit herrschen zwischen dem, was ich kognitiv erkenne, nämlich die Gefahr, in der ich mich mit dem Pferd in einer brenzligen Situation befinde, und dem, was mich in einer tieferen emotionalen Schicht bewegt. Ich habe die Situation im Griff, wenn ich um meine Kompetenz weiß, die mir das Handeln in einer bestimmten Situation ermöglicht. Auch Ehrlichkeit gehört zur Authentizität und damit die Fähigkeit, zu einem Fehler zu stehen. Aufrichtigkeit, Bemühen um Ehrlichkeit, und das unabhängig von an-

---

[1] Carl R. Rogers, *Entwicklung der Persönlichkeit. Psychotherapie aus der Sicht eines Therapeuten*, Stuttgart 1976.

wesenden Personen oder bestimmten Situationen, sind von größter Wichtigkeit. Wenn Innen und Außen eins sind, ist man in der Lage, mit Pferden zu flüstern und eine unverfälschte, ehrliche und aufrichtige Beziehung zu einem anderen Lebewesen aufzunehmen.

Sie sprechen von einer »Sprache der Pferde«.
Verfügen Pferde tatsächlich über eine eigene
Sprache?

Monty Roberts hat das Verhalten der Pferde beobachtet und dabei entdeckt, dass Pferde miteinander kommunizieren in der »Sprache der Pferde«, die er »Equus« nennt. Pferde verständigen sich fast ausschließlich lautlos miteinander, dennoch kann man von einer Sprache reden, denn Sprache ist in erster Linie ein Kommunikationssystem.

Die Sprache der Menschen hat verschiedene Dimensionen. Eine ist die Semantik, der Inhalt der Sprache. Hier geht es um die Bedeutung und das Verstehen von Wörtern und Sätzen. Die andere Dimension ist die Syntax. Hier werden die einzelnen Bausteine der Sprache nach bestimmten Regeln zusammengesetzt. Eine weitere Dimension ist die Pragmatik, sie ist zweckgerichtet. Hier dient Sprache dazu, Fragen zu stellen, Wünsche zu äußern oder Befehle zu erteilen. Menschen verfügen über jede dieser Dimensionen der Sprache, Pferde nicht. Sie kommunizieren ohne Worte und ohne Grammatik, aber die pragmatische Funktion kennen sie und in Ansätzen auch die Semantik. Ihr »Sprachsystem« funktioniert, sie können sich untereinander verständigen.

Nehmen wir als Beispiel ein verloren gegangenes Fohlen, das nach seiner Mutter wiehert. Der Laut hat den Zweck, auf sich aufmerksam zu machen. Großzügig ausgelegt könnte man auch eine semantische Dimension annehmen, da verschiedene Laute für verschiedene Herdenmitglieder eingesetzt werden und damit eine inhaltliche Bedeutung haben. Was also fehlt ist die Syntax. Die unterschiedlichen Laute werden nicht zu Sätzen zusammengefügt.

Pferde kommunizieren überwiegend mit Gesten. Die Positionen der Ohren haben verschiedene Bedeutungen, ebenso die dazugehörige Stellung des Nackens und des Kopfes. Auch Lippen, Nüstern, die Zunge, die Kieferbewegungen und der gesamte Bewegungsapparat geben Signale von sich. Jeder Körperteil kann etwas aussagen, steht aber im Ausdruck nie für sich allein, sondern immer in Verbindung mit allen anderen Körperteilen.

Nehmen wir ein Beispiel, um die große Bedeutung der verschiedenen Merkmale des Pferdekopfes zu verstehen. Die Nüstern weiten und engen sich mit der Änderung der Stimmung. Wenn ein Pferd beispielsweise mit gesenktem Kopf am Boden schnüffelt und die Nüstern dabei nur mäßig geweitet sind, ist seine Aufmerksamkeit nach vorn gerichtet. Wenn sich bei der gleichen Körperhaltung ein winziges Detail verändert, beispielsweise die Nüstern am oberen Rand hochgezogen werden, ist Aggression im Spiel. Die Kombination aus der Kopfposition, der Anspannung des Nackens, der Stellung der Ohren und Nüstern bringt unterschiedliche Dinge zum Ausdruck. Sie dient unter anderem dem Ausdruck einer vor-, seit- oder rückwärts gerichteten Aufmerksamkeit, der Warnung, dem Angriff, der Unterordnung und auch dem Vergnügen.

Bis heute wurden von uns mehr als hundertsiebzig Gesten von Pferden identifiziert, die wir lesen können und die uns in die Lage versetzen, in einen schweigenden Dialog mit dem Pferd einzutreten. Es gibt unendlich viele Kombinationen von Gesten, und viele Details sind oft nur unter großer Konzentration zu erkennen. Es ist also nicht einfach, dieses uns fremde Kommunikationssystem zu entziffern. Um Pferde in ihrer Ausdrucksweise richtig zu interpretieren, bedarf es großer Erfahrung und einer hohen Wachsamkeit.

Was ist JOIN-UP?

Handlungen sprechen eine deutlichere Sprache als Worte, und die Sprache der Handlungen ist »Equus«. Monty Roberts nennt JOIN-UP die Gesamtheit jener Strategien, die er im gewaltfreien Umgang mit Pferden verwendet. Im engeren Sinne bezeichnet JOIN-UP den Augenblick, in dem das Pferd beschließt, dass es besser und schöner ist, bei jemandem zu sein, als vor ihm wegzulaufen. Als JOIN-UP bezeichnen wir den magischen Moment, in dem das Pferd freiwillig zu uns kommt und den Kopf nach unserer Schulter ausstreckt. Um JOIN-UP anwenden zu können, muss man vorher viel über die nonverbale Kommunikation, die Verständigung ohne Worte, wissen und Gesten zu lesen verstehen.

JOIN-UP ist ein Prozess, der auf der Verständigung in einer gemeinsamen Sprache beruht, mit dem Ziel, eine Bindung auf der Basis von Vertrauen zu schaffen. Er muss ohne Gewalt und ohne Zwang stattfinden und kann nur gelingen, wenn beide Seiten freiwillig daran teilnehmen. Um mit dem Pferd auf dieser Ebene arbeiten zu können, sich also mit ihm auf eine gemeinsame Sprache zu einigen, muss man in seine Welt eintauchen, seine Bedürfnisse und Lebensbedingungen verstehen und die Regeln beachten, die in seinem sozialen Umfeld gelten. Der Mensch muss lernen, in der

Sprache des Pferdes zu kommunizieren, weil das Pferd unsere Sprache nicht erlernen kann. In diesem Prozess gibt es kein So-tun-als-ob.

JOIN-UP ist ein Prozess, bei dem es mir möglich ist, gefühlvoll und zugleich mit der Klarheit meiner Körpersprache das Pferd auf einer emotionalen, verlässlichen Ebene zu erreichen. JOIN-UP leitet das Ende der Isolation und die Trennung zwischen den beiden Arten ein; es verbindet durch Kommunikation. Es ist ein kleiner Vertrag zwischen mir und dem Pferd. Es ist ein Prozess, der genauen Spielregeln der Natur folgt, an die man sich unbedingt halten muss.

JOIN-UP kann, wenn es falsch ausgeübt wird, wie jede falsche Handlung mit einem Lebewesen zu Konflikten, Widerstand bis hin zur Ambivalenz führen, aber bei einem erfahrenen Ausbilder reagieren Pferde positiv und sind nach dem gelungenen JOIN-UP ruhig und gelöst. Mit Pferden mit JOIN-UP zu arbeiten bedeutet, eine Verpflichtung einzugehen. Man begibt sich auf einen gemeinsamen Weg; zwei Arten, die so unterschiedlich sind, suchen nach Gemeinsamkeit und nach Freundschaft. Das Pferd lernt in diesem Prozess (ebenso wie der Mensch), dass eine gegenseitige Verständigung möglich ist.

Es gibt einige Grundlagen, die bei diesem durch gemeinsame Körpersprache gewährleisteten Prozess beachtet werden müssen. Ein Mensch, der mit einem Lebewesen kommunizieren will, das nicht über das menschliche Sprachvermögen verfügt, muss sich ganz einlassen auf die Welt der nonverbalen Kommunikation; das heißt, er muss die Körpersprache des Pferdes beherrschen und bewusst mit jeder Bewegung, jedem Augenaufschlag, jedem Herzschlag umgehen. Denn all dies hat in der Welt der Tiere eine Bedeutung.

Auge in Auge ist beispielsweise für das Beutetier die Ankündigung, dass sein Leben unmittelbar in Gefahr ist. Ein Pferd erkennt dieses Muster immer und ergreift sogleich geeignete Maßnahmen, dieser Gefahr zu entgehen. Das zum Angriff entschlossene Raubtier – durch seine anatomische Struktur kann auch der Mensch für das Pferd ein Raubtier darstellen – bewegt sich vorwärts, Auge in Auge, Schultern parallel und alle Muskeln angespannt. Dies löst aufseiten des Pferdes, dessen Fluchtdistanz etwa vierhundert bis sechshundert Meter beträgt, eine sofortige Fluchtreaktion aus. Ein aufmerksames und gesundes Pferd läuft in der Natur, wenn diese Distanz erreicht ist, einen leichten Bogen, um seinen Angreifer beobachten zu können. Stellt es fest, dass das Raubtier seinen Angriff aufgegeben hat, wird es langsamer und sucht ein offenes Gelände auf, um einen besseren Überblick zu bekommen.

Das gleiche Verhalten zeigt das Pferd auch beim JOIN-UP. Es entspricht seiner Natur.

Es ist anzunehmen, dass das evolutionäre Konzept »Überleben der Stärksten« dafür sorgt, dass das Fluchttier sich darum bemüht, so schnell wie möglich wieder eine Energiesparhaltung einzunehmen. Ein erschöpftes Fluchttier wäre leichte Beute für ein Raubtier.

Der Mensch, der mit einem Pferd kommunizieren möchte, kann dieses Naturphänomen nutzen, um mit ihm in einen Dialog zu treten. In den ersten Momenten, in denen man dem Pferd begegnet, erscheint man ihm zwangsläufig als eine Art Raubtier (Augen frontal am Kopf, Zähne, Krallen und vieles mehr). Das Pferd flieht meistens, wenn sich der Strick löst und es frei laufen kann. Darauf geben wir dem Pferd Bestätigung für sein Handeln und sagen ihm, dass es in Ordnung ist wegzugehen. Wir bekräftigen damit also, dass es richtig ist, die natürliche Fluchtdistanz zu uns einzunehmen. Wenn das Pferd merkt, dass ihm nichts passiert, während es flieht, die Gefahr also nicht näher rückt, beginnt es gemäß den Naturgesetzmäßigkeiten instinktiv, Energie zu sparen, und verlangsamt sein Tempo.

Der Mensch ist nun angehalten, entsprechend zu reagieren. Er verlangsamt seine Gestik, wird weniger Raubtier. Das kann man auf unterschiedliche Art und Weise tun: die Hände schließen, die Augen absenken, den Kopf ein wenig senken und vieles mehr. Wir werden ein vorhersehbarer Teil eines Teams, indem wir dem Pferd nonverbal antworten, also mit unserer Körpersprache und nicht mit Worten. Das Pferd zeigt unterschiedliche Gesten, die wir beachten und zu beantworten suchen. Wenn wir dann unsere Schulter zum Pferd hindrehen, womit wir Verletzlichkeit zum Ausdruck bringen, kommt es zu dem magischen Moment des JOIN-UP, wenn das Pferd bereit ist, Vertrauen zu fassen, wenn es spürt, bei mir zu sein ist besser als weg von mir. Dann begegnen sich zwei Lebewesen in einem gelungenen Dialog, in dem Gewalt keinen Raum mehr hat, sondern durch gegenseitiges Verständnis und eine faire Form der Kommunikation ersetzt wird.

Lernen Pferde wie Menschen?

Lernen ist ein Prozess, der wie das Denken, Fühlen oder Wahrnehmen nicht direkt beobachtet werden kann. Man kann ihn aber an neuen oder veränderten Verhaltensweisen erkennen. Bestimmte Aktionen des Trainers lösen beim Pferd entsprechende Reaktionen aus, und durch Übung werden daraus Verhaltensweisen, die eine gewisse Zeit anhalten.

Nun kommen wir zu einem ganz wichtigen Punkt, der nicht außer Acht gelassen werden darf: Menschen verfügen über eine andere Wahrnehmung als Pferde, nämlich eher über eine raubtierähnliche Wahrnehmung. Pferde hingegen haben eher eine Fluchttier-Wahrnehmung und -Reaktion. Bei Lernprozessen zwischen Mensch und Pferd darf dieser Unterschied, der auf die jeweilige Entwicklung der beiden Spezies zurückzuführen ist, nicht vergessen werden.

Durch Lernen wird das Verhaltensrepertoire des Pferdes so verbessert, dass es den Anforderungen der Umwelt und des Menschen besser gerecht wird. Damit wird auch die Überlebenschance des Pferdes in Gegenwart eines Menschen optimiert. Lernen ist also für das Pferd ein flexibler Anpassungsprozess an die sich ständig wandelnden Erfordernisse der Lebenswelt, der höchste Anforderungen stellt.

Stellen Sie sich vor, Sie wären ein Pferd und lernten

die Grundlagen der Dressur, würden verkauft und lernten dann die Grundlagen des Distanzreitens und viele Jahre später die der Freizeitreiterei. All das in einem Ihnen fremden Lernsystem. Fremde Sprache, unvorhersehbare Gesten auf engstem Raum.

Pferde, die dies lernen, erbringen höchst anspruchsvolle Leistungen und haben dafür unsere Achtung verdient.

Betrachtet man das Szenario aus der Perspektive des Menschen, erscheint es fast verwunderlich, warum überhaupt »nur« 66,4 Prozent der Pferde aufgrund inakzeptablen Verhaltens getötet werden. Welch soziale Intelligenz besitzen sie, dass es ihnen gelingt, in unserer Gegenwart zu überleben?

Findet die Sprache der Pferde Berücksichtigung in der heutigen Literatur und in den Lehrinhalten der traditionellen deutschen Reitlehre?

Auf den ersten Blick scheint die Berücksichtigung der Sprache des Pferdes in den moderneren Werken der traditionellen deutschen Reitlehre an Bedeutung zu gewinnen. So findet man in einem Handbuch für Pferdewirte im Kapitel »Horsemanship« die Erkenntnis, dass Pferde fast ausschließlich über Körpersprache miteinander kommunizieren. Im Weiteren wird es sogar als Tatsache anerkannt, dass auch der Mensch imstande ist, mit dem Pferd über nonverbale Kommunikation zu »sprechen«. Allerdings findet sich im Anschluss daran keine konkrete Anleitung, wie diese Erkenntnis genutzt und erfolgreich im Pferdetraining angewendet wird. Im Gegenteil – die Stimme bleibt nach wie vor das wichtigste Kommunikationsmittel in der traditionellen deutschen Reitlehre.[2]

Der Leser sucht in der traditionellen deutschen Reitlehre eher vergeblich nach Erklärungen für bestimmte Verhaltensformen der Pferde. Auch wenn man sich dessen bewusst zu sein scheint, dass der Mensch in erster

---

[2] »Die Stimme ist im Umgang mit Pferden, vor allem auch beim Anreiten junger Pferde, unentbehrlich.« In: *Sportlehre. Lernen, Lehren und Trainieren im Pferdesport*, 2. Aufl., hrsg. v. Deutsche Reiterliche Vereinigung e. V., Warendorf: FN-Verlag 1998, S. 93.

Linie für ein Fehlverhalten des Tieres verantwortlich ist. Krankheiten des Pferdes oder Untugenden werden zahlreich und umfangreich beschrieben. Pferdeverhalten wird kurz erwähnt und beschränkt sich oft auf den Unterschied der Geschlechter und das Ohrenspiel. Eine artgerechte Haltung wird zwar beschrieben, diese steht aber oft nicht in direkter Konsequenz zum menschlichen Umgang mit dem Pferd. Genauso wenig fließen andere Erkenntnisse über arttypisches Verhalten des Pferdes – dass das Pferd ein Fluchttier, ein Pflanzenfresser und ein Herdentier ist – in handfeste Trainingskonzepte ein.

So wird in den meisten Lehrbüchern der traditionellen deutschen Reitlehre lediglich darauf hingewiesen, dass man sich in Gegenwart eines Pferdes stets ruhig und geduldig verhalten soll, um es nicht zu erschrecken, und dass es aufgrund der Sozialstruktur im Herdenverband wichtig ist, dass der Mensch im Umgang mit dem Pferd die ranghöhere Position einnimmt.

Wie man jedoch ranghöher wird, und was es genau ausmacht, diese Position innezuhaben, wird nicht genau erklärt. Auch im praktischen Unterricht finden diese Erkenntnisse keine Berücksichtigung. So findet man keine Lehrgänge und keinen praktischen Unterricht zur Umsetzung.

Auch in einem Buch mit dem hoffnungsvollen Titel *Die Deutsche Reitlehre: Das Pferd* findet man nur kurze Ausführungen über die Natur des Pferdes im Vergleich zu dem, was im Anschluss über die Skala der Ausbildung gelesen werden kann, der in den meisten offiziellen Lehrbüchern der traditionellen deutschen Reitlehre die fast ungeteilte Aufmerksamkeit sicher ist.[3]

---

[3] *Die Deutsche Reitlehre*, 2 Bde., hrsg. v. Deutsche Reiterliche Vereinigung e. V., Warendorf: FN-Verlag 2000–2002. Hier Bd. 2: *Das Pferd*.

Gibt es von Natur aus schwierige Pferde?

Grundsätzlich ist jedes Pferd ein Individuum und unterscheidet sich in Charaktereigenschaften sowie Sensibilität von Artgenossen.

Die Auffassung der Menschen, was ein Pferd ist, geht oft an der Wirklichkeit vorbei. Dadurch machen sie im Umgang mit den Pferden große Fehler, die schwere Folgen haben. Durch häufige Bestrafung und vor allem Gewaltanwendung wird das Leben eines Pferdes oftmals zum unüberschaubaren Spießrutenlauf, der zu immer größerer Unsicherheit und Angst führt.

Nach einer Studie klagen über fünfundsiebzig Prozent der Besitzer von Problempferden darüber, dass diese große Angst haben, die nicht unter Kontrolle zu bringen ist.

Pferde, die mit Signalen und Informationen konfrontiert werden, die sie nicht verstehen, auf die Druck ausgeübt wird und denen Schmerzen zugefügt werden, haben schnell den Ruf, schwierig zu sein.

Nicht selten werden sie in der Folge an Unwissende verkauft. Hier geht es dann weder dem Pferd besser, noch ist der neue Besitzer zufrieden. Im Gegenteil, die Verwirrung der Pferde wächst, Probleme nehmen weiter zu, da mit den Pferden weder angemessen noch konsequent umgegangen wird. Viele solcher Pferde werden dann als dumm, aggressiv oder dominant bezeichnet.

Dabei geht ihr Verhalten eindeutig auf das Fehlverhalten der Menschen zurück.

Gibt es wichtige Unterschiede im Verhalten von Stuten, Hengsten und Wallachen?

Wallache sind kastrierte Tiere, denen damit die Fortpflanzung versagt ist. Sie sind, da sie kaum noch dem natürlichen Hormonkreislauf unterworfen sind, in der Regel am einfachsten zu handhaben. Sie ordnen sich meist leichter unter als Hengste und auch als Stuten. Sie sind gute Spielgefährten für Jungtiere im Herdenverband und mit Stuten kompatibel.

Wallache sind immer die besten Führpferde, wenn beispielsweise Jungtiere eingeritten werden und ein netter Freund vorneweg laufen soll, um durch seine Ruhe und Großzügigkeit gegenüber dem jungen Pferd zu zeigen, dass es keine Angst haben muss. Hier wird der Herdentrieb häufig für die »ersten Schritte« genutzt. Wallache treten nur selten wirklich bedrohlich aus und haben kaum Gründe, den anderen zu vertreiben oder zurückzuweisen.

Beim Hengst muss berücksichtigt werden, dass die Geschlechtsreife in der Regel mit zwölf bis zwanzig Monaten erreicht ist. Das sorgt für Probleme. Ein Hengst möchte sich seiner Natur gemäß fortpflanzen. Sobald eine Stute in naher Ferne ist oder Duftnoten ausströmt, konzentriert sich sein Gehirn auf Fortpflanzung und nicht mehr auf lästige menschliche Trainingsvorgaben. Die haben mit der Natur im wahren Leben ja auch herzlich wenig zu tun. Wenn Testosteron im Spiel ist, spielt der Mensch eine stark untergeordnete Rolle. Es braucht viel Erfahrung im Umgang mit Hengsten und eine unseren geschaffenen Lebensumständen angepasste Lebensform. In einer Hengstgruppenhaltung kommt es häufiger zu Schwierigkeiten als in einer Gruppe mit Wallachen.

Hengste haben andere Prioritäten. Dennoch bevorzuge ich nach den Wallachen den Umgang mit Hengsten gegenüber Stuten, weil sie einfach zu durchschauen sind, sich klar positionieren und auch unterordnen, sobald man Kompetenz zeigt.

Stuten hingegen sind komplexere Wesen. Bei der Stute ist die Geschlechtsreife im Alter von zwölf bis achtzehn Monaten erreicht. Dann beginnen oft viele undurchsichtige Verhaltensweisen. Viele davon sind auf ihren hormonellen Zyklus zurückzuführen. Wenn Sie Stuten trainieren, so haben Sie immer unendlich viele Faktoren zu berücksichtigen, die Ihnen im Trainingsprogramm einen Strich durch die Rechnung machen können.

Viele Probleme im Pferdetraining entstehen, weil zu wenige Trainer die Signale zu lesen gelernt haben und nicht verstehen, was wann im Pferd vorgeht. Das, was geschieht, entspricht oftmals der Natur und kann ohne künstliche Einwirkung nicht von uns kontrolliert oder verändert werden.

Der Brunstzyklus verläuft in regelmäßigen Abständen. Trotzdem spricht man von Saisonzyklus, da viele Stuten die äußeren Anzeichen für die Rosse nur im Frühjahr und Herbst zeigen, obwohl an den Eierstöcken in den meisten Fällen während des ganzen Jahres Anzeichen zyklischer Vorgänge vorhanden sind.[4]

Die Intensität des Zyklusverlaufes, besonders aktiviert durch die Tageslichtzunahme im ersten Halbjahr, wird von äußeren und inneren Reizen beeinflusst und bestimmt maßgeblich das Verhalten der Stuten. Die Kenntnis des hormonellen Haushalts der Stute ist also sehr wichtig, um sie psychologisch und physiologisch korrekt trainieren zu können.

Die Zyklusdauer beträgt bei Stuten durchschnittlich neunzehn bis dreiundzwanzig Tage. Die Rosse dauert dann vier bis sieben Tage. Der hormonelle Zyklus beeinträchtigt die »geistige« Aufnahmefähigkeit maßgeblich und muss im Training von Pferden berücksichtigt werden. Östrogene im Übermaß sorgen für erhöhte Aggressivität, dann spielen da noch Progesteron, Prostaglandine, Oxytocin (bewirkt ein längerfristiges Bindungsverhalten), ein Hormon, das den Eisprung fördert, FSH genannt, und vieles mehr eine Rolle, was an jedem Tag des Zyklus die Stute unterschiedlich beeinflusst.

---

[4] H.-J. Kuller, »Fortpflanzung in den Pferdebeständen«. In: Hans Joachim Schwark (Hrsg.), *Pferdezucht. Ein Fachbuch für Pferdezüchter und -sportler*, 3., überarb. Aufl., Berlin: Deutscher Landwirtschaftsverlag 1987, S. 340–384.

Manch ein Pferdetrainer ist mit einer Stute ungeduldig, redet von »schlechten Tagen«, weiß aber den Zeitpunkt des Zyklus nicht zu definieren. Wir erleben zeitweise erhöhte Aggressivität, zeitweise erhöhte Zartheit und Anhänglichkeit. Nur wer die Gesten des Pferdes gemäß den natürlichen Umständen richtig zu deuten vermag, kann Magisches bewirken.

Stellen Sie bei Ihrer Arbeit mit Pferden rassetypische Charakterunterschiede fest? Gibt
es besonders menschenbezogene Pferderassen?

Selbst von Pferdefachleuten hört man immer wieder,
man könne beim Charakter eines Pferdes den Beitrag
von Erbe und Umwelt nicht klar voneinander trennen.

Natürlich gibt es bestimmte, durch den Konstitu-
tionstyp bedingte Unterschiede: Ponys sind lebhaft,
sehr lernfähig und nervenstark, andererseits aber auch
eigenwillig und neigen zum Kleben. Warmblut und Vollblut sind wesentlich erregbarer, wobei sich das Vollblut
wohl am engsten an den Menschen anschließt. Kaltblü-
ter wiederum zeigen kaum Interesse an einer Beziehung
zum Menschen; ihr Lernvermögen ist nicht sehr ausge-
prägt, dafür sind sie aber sehr gelassen und gutmütig.

Bei aller Verschiedenheit sind Pferde aller Rassen
und jedes Schlags in erster Linie stets Pferde, also An-
gehörige einer Spezies, die seit rund fünfzig Millionen
Jahren an das Leben in der Steppe angepasst ist – durch
ihre Anatomie ebenso wie durch ihr Verhalten. Die
Domestikation, die Zähmung des Pferdes, und seine
Entwicklung zu einem Helfer und Begleiter des Menschen führte zwar zu Verhaltensänderungen, aber weder zum völligen Verschwinden von alten Verhaltens-
mustern noch zur Entstehung von neuen. Außerdem
darf man nie vergessen, dass auch »alte« Pferderassen,

verglichen mit dem Alter der Spezies als solcher, noch sehr jung sind.[5]

Weil Pferde immer Pferde geblieben sind, hat sich vermutlicherweise auch ihre Sprache »Equus« nicht geändert. »Equus«, die Grundlage des JOIN-UP, wird von Pferden aller Rassen verstanden und hilft, konsequent und liebevoll angewendet, mit dem Pferd zu kommunizieren und ihm klarzumachen, was man von ihm will.

[5] Vorlesungsskript AKA, Frau Dr. Margit H. Zeitler-Feicht, Bad Saarow, 2007.

Arbeiten Männer anders mit Pferden als Frauen?

Ich stelle auffallend häufig fest, dass Problempferde, die zu mir ins Training gebracht werden, weil sie sich beispielsweise nicht beschlagen oder nicht vom Tierarzt behandeln lassen oder unreitbar geworden sind, zuletzt von Männern behandelt oder trainiert worden sind. Frauen haben eine kommunikativere Art und suchen in der Konfliktlösung mehr nach Verhandlungsmöglichkeiten, während Männer eher hart durchgreifen. Bei Frauen erlebe ich dagegen oft mangelnde Konsequenz, die bei Pferden für große Verständnisschwierigkeiten sorgt.

Als sozial intelligentes Herdentier ist das Pferd gewohnt, nach festen Strukturen und Verhaltensweisen zu leben und sich einer Führungsfigur nach relativ festgelegten Mustern unterzuordnen. Frauen lassen häufig ihrer Stimmung entsprechend ein Verhalten einmal »durchgehen« und verbieten dasselbe, wenn sich ihre Stimmung gewandelt hat.

Die von mir beobachteten Verhaltensweisen von Pferden bei inkonsequenter Führung weisen darauf hin, dass Pferde Situationen nur schlecht individuell beurteilen können. In ihrer Gehirnanatomie weisen sie nur geringfügige strategische Gehirnmasse auf. Geht man so mit ihnen um, dass man heute etwas erlaubt, weil man besonders tolerant ist, morgen aber das gleiche

Handeln verbietet, weil man schlechte Laune hat oder einer Stimmungsschwankung unterliegt, bereitet man den Nährboden für Konflikte.

Pferde benötigen eine klare Hand und Führung, die nicht mit Gewalt oder Androhung von Gewalt zu verwechseln ist. Strenge und Disziplin bedeuten nicht Unterdrückung oder Zwang.

Pferde verlangen in konsequenter Erziehung, dass aufgestellte Spielregeln, etwa stehen zu bleiben, wenn ich stehen bleibe, immer eingehalten werden, solange das Pferd emotional und physisch dazu in der Lage ist, meinem Wunsch nachzukommen. Wenn ich dem Pferd dieses Verhalten antrainiere, kann ich es nicht zwischendurch um mich herumzappeln lassen, weil ich durch ein Gespräch mit jemandem gerade abgelenkt bin, und dann, wenn ich wieder konzentriert bin, zehn Minuten später meine Aggression am Pferd auslassen, weil es jetzt nicht beim Aufsteigen stillsteht. Pferde können diese Art der Unvorhersehbarkeit gedanklich nicht nachvollziehen, und so kommt es bei ihnen oft zu einem mentalen Verwirrungszustand, der sich in gesteigerter Nervosität und Unsicherheit widerspiegelt.

Männer greifen häufiger zur Gewalt als Frauen. Das ist meines Erachtens einer der Gründe, warum sich so viele Frauen mit Pferden beschäftigen. Sie sind der Art der Fluchttiere, der die Pferde angehören, ähnlicher. Sie können sich in das Verhalten von Pferden hineinversetzen. Pferde versuchen, einem Konflikt möglichst

durch Flucht aus dem Weg zu gehen, anstatt ihn eskalieren und in einer körperlichen Auseinandersetzung
enden zu lassen. Frauen verhalten sich ähnlich.

Betrachtet man das Phänomen der Gewalt geschlechts-
spezifisch, dann ist das Ergebnis eindeutig. Körperliche
Aggression ist eine Männerdomäne. Frauen sind laut
Kriminalstatistik an Gewaltverbrechen nur zu einem
geringen Prozentsatz beteiligt.

Was sind die Gründe dafür?

Auch dazu gibt es viele unterschiedliche Meinungen. Ich glaube, dass wir hier mit unserer eigenen Natur zu kämpfen haben. Männer sind Frauen an Körperkraft meistens überlegen. Gibt es etwas zu verteidigen, einen Rivalen zu verdrängen, so ist in der Regel der Mann derjenige, der den Feind in die Flucht schlägt. Frauen sind im Ernstfall eher in der zweiten Reihe zu finden. Genauso ist es bei vielen Arten in der Natur. Auch bei Pferden. Der Hengst ist für Fortpflanzung und Verteidigung zuständig, die Stute überwiegend für die Versorgung der Herde und die Führung des Herdenverbandes.

Sicherlich spielt dieses natürliche menschliche Verhalten auch eine große Rolle in der Kindererziehung, vor allem unbewusst. Einem Mädchen zeigt man eher Tiere zum Streicheln und Füttern, schenkt ihm Puppen, eine Kinderküche und bringt es zum Ballettunterricht und Reiten, während bei Jungen der Bagger, der Kran, das Polizeiauto und Dinosaurier eine Rolle spielen.

Wir erleben häufig, dass Eltern, die zu unseren Besuchertagen oder Führungen in die Akademie kommen, zwei Kinder unterschiedlichen Geschlechts dabeihaben. Während die Mutter mit dem Mädchen die Pferde streichelt, geht der Vater mit dem Jungen zur Bewässerungsanlage oder begutachtet unsere modernen technischen Geräte. Es gibt Untersuchungen, die belegen, dass Eltern bereits Säuglinge je nach Geschlecht unterschiedlich behandeln. Sozialpsychologen definieren unser Erziehungssystem als eines, in dem nach wie vor geschlechtstypische Persönlichkeiten sozialisiert werden.

ÜBER DEN UMGANG MIT PFERDEN

Was ist für Sie die Voraussetzung, dass Menschen mit Pferden richtig kommunizieren?

Das Training von Pferden läuft nicht immer nach dem Plan und den Vorstellungen der Trainer ab. Die größte Schwierigkeit ist wohl der Versuch des Menschen, sich mittels seines eigenen Sprach- und Kommunikationssystems an das Pferd zu wenden, um es so auf gewünschte Verhaltensweisen zu trainieren.

Die wichtigste Erkenntnis am Anfang meiner Ausbildung war, dass das menschliche Kommunikationssystem gänzlich anders funktioniert als das der Pferde. Anthropomorphismus, das Vermenschlichen tierischer Verhaltensweisen, ist in der Ausbildung von Pferden und Trainern weit verbreitet.

Pferde haben die schwierige Aufgabe, in möglichst kurzer Zeit herauszufinden, was der Trainer in seiner den Pferden fremden Weltwahrnehmung von ihnen verlangt, sonst können sie die von ihnen geforderten Aufgaben nicht erfüllen.

Im Umgang mit Pferden wendet der Mensch die Sprache mit Worten als sein ureigenes und zentrales Kommunikationsmittel an. Meine Erfahrung und meine persönliche Wahrnehmung des gesamten Szenarios geben mir Grund zu der Annahme, dass die menschliche Sprache in der Wahrnehmung der Pferde nichts anderes als »Lippenlärm« ist. Akustische Geräusche ohne Sinn.

Unsere Sprache erreicht die Tiere in ihrer Welt nicht – sie erreicht ihren Geist vermutlich in einer anderen Form als von uns gewünscht oder erhofft. Einige Pferde sind besser darin, unsere Sprache zu deuten, als andere. Das führt zu Fehlinterpretationen aus menschlicher Sicht.

Das zweite Hindernis, das es zu überwinden gilt, ist unsere vermeintliche »Raubtiergestik«. Krallen, frontale Augenposition, das Weiße des Auges und vieles mehr. So nehmen die Pferde außer den gut gemeinten oder ermahnenden Worten, die wir zu ihnen sprechen, verwirrende körperliche Signale wahr, die nicht bewusst gesteuert werden. Fluchttiere oder Beutetiere reagieren auf Raubtiergesten – in diesem Fall die unseren –, auch wenn wir ihnen mit der Sprache etwas ganz anderes vermitteln wollen. Der bewusste und kompetente Umgang mit Gesten, die für das Pferd verständlich sind, stellt das Geheimnis eines kompetenten Dialoges dar.

Schulpferde, die mit einem Trainer arbeiten, erfahren immer wiederkehrende Reize ein- und derselben Stimme, die bestimmten Aktionen und Reaktionen entsprechen. Sie können eher auf menschliche Worte und Signale reagieren als Pferde, deren Trainer, Reiter, Bereiter und Personal ständig wechseln. Jeder Mensch versucht auf seine individuelle Art und Weise, den Geist des Pferdes zu erreichen. Betrachtet man die Hirnstruktur der Pferde und deren rund fünfzig Millionen Jahre alte instinktive Verhaltensweisen, versteht man, dass dies zu Missverständnissen führen muss.

Sich im »Geräuschdschungel« der Menschen zurechtzufinden stellt an das Pferd höchste Anforderungen. Und es verlangt höchste Aufmerksamkeit von ihm zu wissen, wann und mit welcher Absicht die menschlichen Worte an es gerichtet und wie diese zu verstehen sind. Pferde leben in einer Welt, die wir nicht betreten können. Über vieles können wir mutmaßen, vieles können wir interpretieren und vieles erahnen, wenn wir ihr Verhalten beobachten und analysieren.

Letztlich aber leben sie in einer Erfahrungswelt, die dem Menschen verschlossen bleibt, jedenfalls so lange, wie wir versuchen, Pferde auf der Basis unserer Natur und unseres Kommunikationssystems zu trainieren und zu verstehen.

Sich ein authentisches Bild vom Verstand eines Pferdes zu verschaffen hieße, in eine Welt einzutreten, in der es keine Worte gibt. Eine Welt, die für den Menschen ohne Sinn und Bedeutung ist. In den philosophischen Untersuchungen von Ludwig Wittgenstein findet man das Zitat: »Wenn ein Löwe sprechen könnte, wir könnten ihn nicht verstehen.« Seine Worte hätten keine Relevanz für die menschliche Welt. Sein Verstand wäre kein Löwenverstand mehr.

Der Ansatz meiner Arbeit ist, die Sprache der Pferde, die eigentlich keine im menschlichen Sinn definierte Sprache ist, sondern vielmehr ein effektives nonverbales Kommunikationssystem, zu analysieren, zu erforschen und zu versuchen, sie verstehbar und praktizierbar zu machen. Grundlage dieser Arbeit sind unumstößliche naturwissenschaftliche Gesetzmäßigkeiten.

Immer mehr widme ich meine Aufmerksamkeit der Anwendung von Erkenntnissen der Verhaltensforschung in der Praxis am Pferd. Oskar Heinroth und sein späterer Schüler Konrad Lorenz waren Pioniere auf diesem Gebiet. Bereits 1906 hatte Heinroth festgestellt, dass bestimmte Verhaltensmuster bei Gänsen und Schwänen angeboren und damit erblich sind. Er verglich Rufe, Ausdrucksformen bei der Balz und der Aufzucht von Jungen. Dabei entwickelte er Begriffe wie Prägung, Drohgebärden, Imponiergehabe, Begriffe, die Lorenz später übernehmen und als Erster genau definieren sollte.

Viele Wissenschaftler sehen in Heinroth den Begründer der Tierpsychologie innerhalb der Biologie. Die Forschungen von Whitman, Craig und Heinroth – später dann auch von Konrad Lorenz – eröffneten ein neues Feld für Untersuchungen. Erst in den Dreißigerjahren wurde mit der Forschung unter dem Begriff »Tierpsychologie« begonnen. Equitane Themen fanden in diesen frühen Studien allerdings keinen Platz.

Dennoch sprechen deutsche Vertreter der Ausbildungsordnungen in der Pferdewirtschaft immer wieder davon, dass in der jahrhundertealten traditionellen Reitlehre ausreichend Wissen entstanden sei, sodass es keinen Bedarf an neuen Erkenntnissen und Forschungsergebnissen mehr gebe.

Dem widerspreche ich deutlich unter Berücksichtigung der Historie und heutiger Erkenntnisse. Wir stehen am Anfang einer Epoche und nicht am Ende. Die heute als »Ethologie« (vergleichende Verhaltensforschung) bezeichnete Forschungsrichtung steckt, was das Thema Pferd betrifft, noch immer in den Kinderschuhen. Monty Roberts war einer der ersten Ethologen, der ein Kommunikationssystem bei Pferden entdeckte und in der Praxis anwendete.

Ich sehe als meine Aufgabe, als die meiner Studenten und auch die meiner Akademie an, in Kooperation mit aufgeschlossenen Wissenschaftlern und Veterinärmedizinern zwischen angeborenen und antrainierten Verhaltensweisen bei Pferden zu unterscheiden und die Trainingsformen so zu verbessern.

Wir haben begonnen, Montys umfangreiche Beobachtungen von Wildpferden auszuwerten und die Gesten und Verhaltensweisen entsprechend zu deuten.

Als ich im Jahr 1999 begann, mit Monty Roberts zu arbeiten, wurde mir die Tragweite seiner Arbeit und seiner Erkenntnisse schnell bewusst. Dass Pferde über ein Kommunikationssystem verfügen sollten, das erlernbar und im täglichen Training anwendbar war, stellte für mich eine Sensation dar. Hier handelte es sich um eine Erkenntnis, die dazu führen könnte, die allgemein übliche Gewalt im Umgang mit Pferden zu eliminieren und durch konstruktive Lösungsansätze zu ersetzen.

Zum damaligen Zeitpunkt war Monty Roberts weitgehend unbekannt. Vor allem in Deutschland. Als wir hier gemeinsam die ersten Vorführungen und Tourneen starteten, die durch den Einfluss von Königin Elisabeth von England zustande gekommen waren, war uns nicht einmal ansatzweise bewusst, dass wir eine ganz neue Epoche im Umgang mit Pferden begründen sollten.

Was bedeutet es, in der Beziehung zu einem Pferd die Anführerrolle zu übernehmen?

Der Natur des Pferdes gemäß wird im Herdenverband derjenige zum Anführer, der über Richtung und Geschwindigkeit der anderen bestimmt.

Unterordnung und Einordnung in eine feste Herdenstruktur entsprechen der Natur des Pferdes. Es sind sozial lebende Tiere. Der Herdenverband richtet sich nach festgelegten Regeln. Die Führung übernimmt in der Regel die Leitstute. Der Hengst erfüllt Aufgaben wie das Zusammenhalten der Gruppe, die Fortpflanzung und die Verteidigung.

Pferde unterliegen im Herdenverband einer relativ konstanten Rangordnung. Wenn eine Rangordnung einmal erstellt ist, bleibt sie mit geringen Abweichungen stabil. Dadurch werden Konflikte und Rangordnungskämpfe weitgehend vermieden.

Menschen hingegen sind durch ihr Ego und die Welt, die sie sich aufgebaut haben, gesteuert, überdies komplizierter und unvorhersehbarer strukturiert. Dadurch ist es nicht leicht, dass ein Pferd die Führungsrolle eines Menschen anerkennt. Beide Seiten haben zu unterschiedliche Erwartungen. Ein Besitzer fühlt sich häufig als Gönner und erwartet menschliche Formen des Dankes, etwa für schöne Bandagen, gutes Futter und das warme Bett. Pferde verstehen solche Zusammenhänge nicht, für sie ist Besitz kein Wert. Anführerschaft ist leistungsorientiert und nicht abhängig von Besitztum oder Stimmungen.

Da Pferde nicht als das geboren werden, was wir in unserer zivilisierten Welt unter »gehorsam« verstehen, empfinden oder interpretieren wir ihr Verhalten allzu häufig als Rebellieren gegen unsere Anweisungen, als Missachtung unserer Gebote und glauben, sie wenden alle Mittel an, um ihren eigenen Willen durchzusetzen.

In Unkenntnis der natürlichen Weisheit des Pferdes, die anders ist als die des Menschen, haben Menschen Pferden Gewalt angetan, um ihnen ihren Willen aufzuzwingen. Das ist ein großer Irrtum. Die wahre Kunst im Umgang mit Pferden nämlich besteht darin, der Natur des Pferdes so weit zu entsprechen, wie es möglich ist, und andererseits verständliche Spielregeln aufzustellen, die es einzuhalten gilt.

Bei der Erziehung eines Pferdes wird es immer wieder zu Konflikten kommen. Sich diesen Konflikten zu stellen, nicht gleich nachzugeben und sich nicht davor zu scheuen, konsequent zu bleiben, erfordert Mut. Wenn man stets weiß, was man tut, wenn man dem Pferd keine Schmerzen zufügt und ihm eine angstfreie und möglichst sichere Umgebung schafft, kann man Konflikte lösen.

In der Pferdewelt sehnt man sich nach Rezepten, nach schematischen Lösungen. Doch Allerweltslösungen gibt es nicht; die schematische Anwendung von

Regeln widerspricht dem eigentlichen Wesen der Erziehung von Pferden. Man muss sich darauf einlassen,
ihre Natur zu verstehen und immer wieder neu abge-
stimmte und wohlüberlegte Entscheidungen zu treffen,
die man verantworten kann. Dabei darf man sich nicht
von eigenen Zweifeln verunsichern lassen. Spürt ein
Pferd Unsicherheit, Nervosität oder Angst, wird es dem
Menschen die Rolle des Anführers nicht übertragen, da
es sich dadurch seiner Natur entsprechend in Gefahr
bringen könnte.

Die Rolle der Anführerschaft muss geregelt sein.
Übernehmen wir sie nicht durch Kompetenz, so wird
das Pferd sie übernehmen und eigenständig Richtung
und Geschwindigkeit bestimmen. Dabei handelt es sich
seitens des Pferdes nicht um eine strategische Über-
legung, sondern um eine rein instinktive Reaktion. Das
Pferd wird nervös und konzentriert sich nicht mehr auf
den Menschen, sondern wiehert nach den Artgenossen
und wird zu einer Gefahr für sich selbst und für uns.

Kompromisslose Klarheit im Verhalten des Menschen
ist der einzig richtige Weg, um eine Führungsposition
und damit auch eine gleichgewichtige Partnerschaft zu
erreichen. Einer selbstsicher und eindeutig vorgetra-
genen Bitte wird sich ein Pferd in der Regel nicht widersetzen.

Warum ist es wichtig, einem Pferd gegenüber konsequent zu sein?

Konsequenz bedeutet, jene Regeln durchzusetzen, die man auf der Grundlage seiner pädagogischen Ziele aufgestellt hat.

Da ein Pferd ein Herdentier ist, fühlt es sich nur dann sicher, wenn die Führungsrolle klar erfüllt wird. Wenn wir dazu nicht in der Lage sind, übernimmt das Pferd das Kommando. Dabei handelt es sich um eine instinktive Reaktion, die seit Jahrmillionen das Überleben dieser Art sichert.

Will ich ein Pferd sicher führen und erreichen, dass es mir bedingungslos folgt, selbst in schwierigen und möglicherweise Angst auslösenden Situationen, muss ich jederzeit mit eiserner Disziplin Richtung und Geschwindigkeit bestimmen. Nur diese Art der Führung wird das Herdentier Pferd verstehen.

Aber wie in jeder Beziehung des Lebens bedeutet Konsequenz auch, zu Kompromissen bereit zu sein.

Wie setzen Sie Ihr Prinzip, stets konsequent
zu sein, in der Praxis um – wenn Sie zum
Beispiel einem jungen Pferd beibringen, sich
führen zu lassen?

Grundlage eines jeden Trainings sollte es sein, die Grundsätze der Lerntheorien und die natürlichen Verhaltensweisen des Pferdes verstanden zu haben. Der Mensch sollte in der Lage sein, zwischen einem instinktiven Verhalten, also einem angeborenen, folglich ungelernten Verhalten, und einem konditionierten, also angelernten Verhalten, zu unterscheiden. Der Geist des Pferdes unterscheidet sich deutlich von dem menschlichen.

Eine große Schwierigkeit bringt das schnelle Reaktionsvermögen des Pferdes mit sich sowie seine beschränkte Fähigkeit, Ereignisse miteinander zu verknüpfen. Uns Menschen ist, wenn wir einem jungen Pferd Führen beibringen, meist der gesamte Ablauf deutlich. Wir wissen, worauf wir hinauswollen, das Pferd aber hat keinerlei Vorstellung von dem, was wir ihm beibringen möchten.

Pferde benötigen auf jede Aktion eine Reaktion: eine positive Bestätigung, dass das Verhalten im Ansatz richtig war, oder eine negative Bestätigung, mit der das falsche Verhalten des Pferdes abgelehnt wird. Hierbei ist uns unsere »Langsamkeit« häufig sehr im

Weg. Man sagt, Pferde reagieren im Durchschnitt auf einen Reiz innerhalb von etwa drei bis acht Zehntel einer einzigen Sekunde.

Das bedeutet, dass wir am besten innerhalb dieser Zeitspanne eine Antwort geben müssen, damit das Pferd die Möglichkeit hat, durch die Konsequenzen schnell zwischen Richtig und Falsch unterscheiden zu können. Das Pferd kann also eine Verknüpfung einer Reaktion nur herstellen, wenn es die positive oder negative Konsequenz unmittelbar der Aktion zuordnen kann.

Ich versuche grundsätzlich, das Pferd in eine Position zu bringen, damit ich es belohnen kann, anstatt darauf zu warten, dass es etwas falsch macht, um es dann dafür zu bestrafen.

Ein junges Pferd sollte möglichst mit dem Kopf an meiner Schulter gehen. Sofern also das Pferd an mir vorbeigeht, korrigiere ich das Verhalten, damit es den Bereich an meiner Schulter als eine komfortable Zone empfindet. Rückwärtsrichten kann beispielsweise eine negative Konsequenz für negatives Verhalten sein, während ein entspanntes Neben-mir-Gehen eine positive Antwort erhält.

Wichtig ist, bei allem, was man einem Pferd beibringen möchte, darauf zu achten, dass Pferde über kein strategisches Denken verfügen, mit dem sie vorsätzlich etwas Falsches oder Richtiges für oder gegen uns tun könnten. Ich versuche, bei jeder Form des Trainings Gegensätze zu bilden und es dem Pferd komfortabel zu machen, wenn es kooperiert, und unkomfortabel, wenn es sich widersetzt. Das bedeutet allerdings nicht, dass man dem Pferd Angst machen, es in Furcht oder Unsicherheit versetzen sollte. Das Pferd will grundsätzlich alles für uns richtig machen. Hat es einmal verstanden, in welcher Position es neben mir gehen soll, so wird es, wann immer es körperlich und emotional dazu in der Lage ist, diese Leistung auch erbringen.

Darf man gegenüber Pferden Kompromisse eingehen?

Wenn man zu viele Kompromisse eingeht, ist die Entstehung von Konflikten vorprogrammiert. Vielen Menschen fällt es sehr schwer, Regeln aufzustellen und sie auch einzuhalten. Im Umgang mit Pferden lernt man jedoch, dass Strenge und Konsequenz die Beziehung stärken, während übertriebene Fürsorglichkeit und nicht nachvollziehbares Nachgeben sie schwächen können. Man darf das nicht missverstehen: Konsequent sein bedeutet auch, fair zu sein und Selbstdisziplin zu üben; Liebe und konsequentes Handeln stehen keineswegs im Widerspruch zueinander.

Konsequent sein bedeutet nicht, selbstherrlich, ungerecht und tyrannisch zu sein. Einem Pferd fällt es nicht schwer, Konsequenz zu akzeptieren, solange es nicht zu fürchten braucht, dass ein Mensch ihm Angst macht oder ihm Schmerzen zufügt. In einer von Vorhersehbarkeit und Verlässlichkeit geprägten Atmosphäre fühlt sich das Pferd geborgen und ordnet sich gerne und willig unter. Begegnen wir einem Pferd jedoch inkonsequent, gerät es in Verwirrung und wird hilflos. In der Welt der Pferde haben Kompromisse und Ausnahmen nicht den gleichen Stellenwert wie in unserer Welt. Es gibt Regeln, die eingehalten und nach den immer gleichen Schemata umgesetzt werden müssen.

Wie unterscheidet sich Ihre Arbeit mit Pferden von anderen »sanften« Methoden, wie sie andere Trainer praktizieren und auch als artgerechten Umgang mit Pferden bezeichnen?

Zahlreiche Trainer verkaufen natürliches Horsemanship unter vielen unterschiedlichen Maßgaben. Meist handelt es sich um Trainingsmethoden, die sich an der Kommunikationsweise von Menschen orientieren. Auf dieser Basis hat man festgelegte Ausbildungs- und Trainingsprogramme entwickelt.

Ich versuche mich an der Kommunikationsweise von Pferden zu orientieren. Monty Roberts hat keine Methode entwickelt – er hat entdeckt, was in der Natur bereits vorhanden ist. Der Transfer, die Nutzung der natürlichen Erkenntnisse im Umgang mit Pferden ist eine Kunst, die wunderbar effektiv ist, wenn man sie anzuwenden versteht. Wir gehen nach keinem fixen Schema vor, sondern stimmen die Vorgehensweise individuell auf das betreffende Pferd, die jeweilige Situation und die bestehenden Probleme ab. Dabei lehnen wir uns an keinerlei Richtlinien an, sondern kommunizieren mit dem Pferd in »Equus« und arbeiten mit ihm mit Liebe und Konsequenz auf der Basis der Natur der Pferde. Das macht die Arbeit so schnell, effektiv und vorhersehbar. Diese Entdeckung ist einzigartig und wird in dieser Form von keinem anderen Trainer praktiziert.

Warum klappt vieles bei Ihren Vorführungen in der Öffentlichkeit, doch danach fällt das Pferd bei seinem Besitzer in das alte Muster zurück?

Um dies zu beantworten, muss ich ein wenig ausholen. Pferde besitzen nicht die Fähigkeit, strategisch zu denken, und haben eine eher assoziative Wahrnehmung, sprich eine Wahrnehmung in Bildern. Das heißt, sie können sich nicht sagen, dass sie sich beispielsweise gerade in einer Veranstaltung vor Publikum mit Andrea Kutsch befinden und nun besonders gut sein müssen, sondern sie orientieren sich an den Bildern, die sie in ihrem immensen Erinnerungsvermögen abgespeichert haben.

Pferde verfügen nicht über das gleiche Sichtfeld wie Menschen. Das heißt, sie sehen die Welt durch andere Augen. Pferde sehen die Welt in Details, die Menschen nicht sehen können oder nicht wahrnehmen. Diese Erkenntnis und deren Verwendung in der Praxis ist ein Schlüssel im erfolgreichen Training von Pferden. Die Frage muss immer sein: »Was sehen Pferde?« Oder: »Was nehmen Pferde wahr?«

Sie sehen die Welt und denken über die Welt nicht wie wir Menschen. Sie haben eine andere Gehirnstruktur, ein anderes Sichtfeld. Allein die periphere Wahrnehmung erfasst mehr als dreihundertfünfzig Grad. Der Mensch kann nur bis hundertzehn Grad sehen. Wenn er hinter sich sehen will, muss er sich drehen. Das bringt eine veränderte Körperhaltung mit sich. Pferde können fressen und haben trotzdem dreihundertfünfzig Grad Sichtfeld. Das heißt, vieles, was wir aus gleicher Position nicht sehen, kann ein Pferd wahrnehmen. Vieles interpretiert es aber auch anders als wir.

Nehmen wir als Beispiel den Schatten eines Pferdes auf dem Boden. Wir schenken ihm keine Beachtung. Ein Pferd aber kann scheuen und sich vor dem präsentierten »Bild« sehr ängstigen, da es darin etwas anderes sieht als einen Schatten. Das Sehvermögen und die Informationen, die das Pferd dadurch erhält, stehen in direkter Verbindung zu seiner Reaktion auf die Umwelt und den präsentierten Reiz, der eine Reaktion auslöst.

Wie bei vielen Raubtieren sitzen beim Menschen die Augen vorn am Kopf. Dadurch ist das Gesichtsfeld verkleinert, aber beidäugig (binokular).

Unter den Landsäugetieren haben Pferde besonders große Augen, und da diese seitlich vorstehen, ist das Gesichtsfeld sehr weit; dabei sind etwa fünfundsechzig Grad beidäugig (binokular), der restliche Bereich ist nur mit einem Auge einsehbar (monokular). Was das Pferd in diesem Winkel des Sichtfeldes sieht, wird folglich nur einäugig und damit auch einseitig im Gehirn aufgenommen, verarbeitet und abgespeichert.

Nun muss zusätzlich berücksichtigt werden, dass etwa zweihundertfünfundachtzig Grad des Gesichtsfeldes der Pferde keine Tiefenschärfe besitzen. Ein Schatten also kann in der Wahrnehmung des Pferdes auch ein Loch im Erdboden sein und nicht der Schatten eines anderen Pferdes. So kommt es zu Reaktionen, die wir mit unserer Wahrnehmung nicht verstehen oder nicht richtig einzuschätzen wissen, und dann wird das Pferd häufig entsprechend unserer Vorstellung bestraft. Das Pferd aber hat etwas ganz anderes wahrgenommen und braucht statt einer Strafe Verständnis und Erklärung.

Die Struktur des Pferdeauges sorgt für eine etwa fünfzigprozentige Vergrößerung. Wo wir einen Blumentopf entdecken, nimmt das Pferd ein Ungetüm wahr, das möglicherweise gefährlich ist, es könnte ein Raubtier sein. Dass der Mensch bereits fast alle dem Pferd gefährlichen Raubtiere ausgerottet und es sie nicht mehr zu fürchten hat, können wir ihm nicht erzählen. Ich persönlich bin auch nicht sehr stolz auf diese Tatsache. Das Pferd zeigt jedenfalls auf solche Furcht einflößenden oder nicht berechenbaren Gefahren eine instinktive Reaktion, die sich meist in Flucht äußert oder in einer Scheubewegung, welche die Refokussierung des Objektes widerspiegelt.

Viele Pferdetrainer bestrafen Pferde für dieses Verhalten oder lachen lauthals darüber und nennen das Pferd nicht selten »dumm«. Es handelt sich nicht um Dummheit, sondern hat eben gerade mit der Wahrnehmung des Pferdes zu tun, die ein bestimmtes Bild aufnimmt, das uns entgeht.

Entscheidend ist, was das Pferd sieht, nicht das, was

der Mensch zu sehen glaubt beziehungsweise nicht zu sehen vermag. Für alle, die sich intensiv mit der Ausbildung von Pferden befassen, ist die Kenntnis um das Sichtfeld des Pferdes von großer Wichtigkeit.

Kommt das Pferd nun in unser Trainingsprogramm, berücksichtigen wir nicht nur diesen Aspekt, sondern noch viele andere. Wir setzen die Erkenntnisse der tiermedizinischen Wissenschaft und Anatomie in die Praxis um und sind dadurch erfolgreich.

Es hat beispielsweise ein Verladeproblem mit einem Pferd gegeben, und der Besitzer bringt dieses Pferd in eine Veranstaltung. Ist es vorher nicht auf den Anhänger gegangen, dann deshalb, weil es in seiner Wahrnehmung, in seinem Sichtfeld viele Reize aufgenommen und im Gehirn abgespeichert hat, die sein Verhalten rechtfertigen. Peitschen- oder Besenhiebe vor einem Anhänger oder auch schreiende Personen mit hohem Adrenalinspiegel werden visuell abgespeichert. Das Pferd denkt also nicht, dass es Schwierigkeiten bekommt, weil es nicht in den Anhänger geht (das entzieht sich seiner strategischen Wahrnehmungsfähigkeit), sondern nimmt nur das Bild wahr, das es vor Augen hat, und speichert es ab. Das Pferd zeigt Angst- oder Abwehrverhalten, sobald es den Anhänger sieht, und »erwartet« die damit verbundenen Geschehnisse.

Ich breche in meinem Training die gespeicherten Bildinformationen, indem ich beispielsweise zunächst ohne Trennwand im Hänger arbeite, für helles Licht sorge, eine sichere, vertrauensvolle Umgebung schaffe, die Kommunikation auf nonverbaler Ebene wirken lasse und dem Hänger eine positive Assoziation verleihe.

Das Pferd wird von mir vor der Rampe mit dem Kopf an meiner Schulter vor- und rückwärtsgerichtet. Dadurch erhalte ich die Rolle der Anführerschaft und erreiche aufgrund des Schutzes und der Sicherheit, die ich dem Pferd zu geben vermag, einen emotionalen Vertrauenszustand.

Sobald das Pferd in den Anhänger geht, lade ich es zunächst wieder aus, um ihm zu zeigen, dass keine Gefahr von diesem Objekt ausgeht, und zeige ihm, dass es den Anhänger auch wieder verlassen kann. In den Anhänger zu gehen heißt also für das Pferd, nicht gleich auch eingesperrt zu sein.

Dann wiederholen wir das Prozedere und schaffen einen angstfreien Raum. Solche Maßnahmen muss man zunächst beibehalten.

Wenn der Besitzer nun, bevor das negative Bild wirklich ausgelöscht ist oder zumindest mit einer neuen positiven Erfahrung überlappt wird, mit seiner herkömmlichen Methode versucht, das Pferd auf den Anhänger zu bringen, tauchen bei diesem umgehend die alten Bilder wieder auf: Longen, Besen, Dunkelheit, schlechte Gerüche, Adrenalin, kurze Stricke, unsichere Hänger oder Rampen, aufgeregte und schreiende, Angst einjagende Menschen. Dann fällt das Pferd auch nach meiner Arbeit umgehend in das alte Verhalten zurück.

Von Dauer ist das Ergebnis nur, und das muss ein Pferdebesitzer wissen, wenn auch der Mensch bereit ist, Verständnis für das Pferd zu entwickeln. Langfristig kann damit das assoziativ abgespeicherte Bild überlappt werden.

Im Rahmen einer Vorführung kann man nur aufzeigen, dass es funktioniert, wenn man es anders macht, als es zuvor gemacht wurde. Solange das Bild »Anhänger« mit einer negativen Assoziation behaftet ist, wird das Pferd nicht willig auf den Anhänger gehen. Sobald der Anhänger eine positive Assoziation bekommt und sich als angstfreier Lebensraum herauskristallisiert, wird es für das Pferd keinen Grund geben, sich zu widersetzen.

Sie lassen Reiter auf rohe und wilde Pferde
oft schon nach einer halben Stunde aufsteigen.
Ist dieser Zeitpunkt nicht zu früh?

Es kommt immer darauf an, in welcher Verfassung und
auf welchem Angstniveau sich das Pferd befindet.
Pferde, die sich normal verhalten, also mit dem Menschen noch keine negativen Erfahrungen gemacht haben, haben in der Regel nach dem ersten JOIN-UP
schon keine Angst mehr vor dem Reiter beziehungsweise vor Menschen überhaupt. Reiten an sich ist allerdings keine Aktivität, die der Natur der Pferde entspricht.
Ein vermeintliches Raubtier auf dem Rücken zu haben
ist von Natur aus nicht zulässig. Wird das »Raubtier«
aber durch nonverbale Kommunikation und einen kompetenten Dialog vorhersehbar und zur Vertrauensperson oder gar zum Anführer der Herde, so stellt das
Reiten kein großes Problem dar. Der Mensch wird Teil
des Teams und ist nicht mehr Gegner oder Feind. Sobald sich also der magische Zustand des Vertrauens
eingestellt hat, kann eine ausgeglichene Partnerschaft
zwischen Mensch und Pferd entstehen. Verwende ich
aber Zwang, Unvorhersehbarkeit, Unterdrückung oder
Androhung von Schmerz im Training, wird das Pferd
versuchen, der Situation auszuweichen, und nicht kooperieren.

Zeit spielt in der Partnerschaft keine Rolle, es kommt

darauf an, überhaupt eine Partnerschaft herzustellen. Die zu verwendenden Techniken sind anders als die der menschlichen Kommunikation, da wir von unterschiedlichen Verhaltens- beziehungsweise Überlebensmustern sprechen müssen. Gelingt es mir, über das Studieren und Erlernen der Sprache des Pferdes diesen magischen Bund des Vertrauens herzustellen, der ein Istzustand ist, so kann ich schnell und gefahrlos mit dem Pferd arbeiten.

Es gibt allerdings auch Pferde, die über eine erhöhte Sensibilität verfügen, die vielleicht mit ihrem immensen Erinnerungsvermögen bereits Erlebtes abgespeichert haben und sich deshalb nicht mehr natürlich, nicht mehr »roh« präsentieren, sondern konditioniert. Wir nennen diese Tiere dann im Allgemeinen Problempferde.

Dazu ist zu sagen, dass es sich hier nicht um geborene Problempferde handelt, sondern dass sie durch Menschenhand oder die Zivilisation, in der wir leben, also durch eine nicht artgerechte und tierschutzkonforme Haltung, zu Problempferden geworden sind. Ihr Verhalten ist antrainiert worden, und ich kann es umtrainieren, wenn ich die entsprechenden Techniken studiert habe. Ich brauche die Kompetenz, eine Erfahrungswelt zu betreten, die ich eigentlich nicht betreten kann, da ich einer anderen Spezies angehöre und andere Bedürfnisse habe als ein Pferd.

Ein Problempferd würden wir in der Regel nicht innerhalb einer halben Stunde einreiten, sondern wir müssen zunächst an den Problemen arbeiten, die das Pferd uns präsentiert. Hat es Angst, wenn ich mich mit dem Sattel nähere, handelt es sich oftmals um eine negative Erfahrung, die es positiv zu überwinden gilt. Diagnostizieren wir ein solches Verhalten bei einem Pferd, brauchen wir mehr Zeit, bis ein Reiter aufsteigen kann, da erst die Grundregeln erklärt werden müssen. Steht das Fundament, geht der Rest meist sehr schnell. Pferde lernen zu lernen.

Das Corpus callosum ist ein Teil des Gehirns und bildet eine Art Brücke, welche die rechte und linke Hirnhälfte miteinander verbindet und Botschaften zwischen ihnen übermittelt. Beim Pferd findet nur ein Transfer von etwa zwanzig Prozent der Informationen von der rechten in die linke Hirnhälfte und umgekehrt statt. Das muss bei meinem Training und dem damit einhergehenden Dialog mit dem Pferd berücksichtigt werden.

Wir können, wenn wir nun auf einer Seite des Pferdes einen Angst einflößenden Stimulus präsentieren, anhand der Reaktion erkennen, ob das Pferd bereits früher schlechte Erfahrungen gemacht hat. Instinktive Reaktionen sind in der Regel auf beiden Seiten identisch; gelernte Reaktionen aufgrund der geringen Transfermöglichkeit zumeist nur auf der Seite, auf der der Vorfall abgespeichert wurde.

Erst wenn ein Schritt erlernt ist, kann der nächste folgen. Das Verhalten des Pferdes bestimmt die Geschwindigkeit des Vorgehens und des Lernens.

Solche Studienergebnissse werden zwar in wissenschaftlichen Magazinen veröffentlicht, finden aber nur selten Eingang in die Praxis. Genau dies lernt man im Studium an unserer Akademie innerhalb von drei Jahren.

Warum haben so viele Pferde in der Gegenwart von Menschen, auf dem Turnierplatz und im
täglichen Umgang Angst und sind nervös?

Hauptgründe dafür sind unvorhersehbare Dinge, un-
klare Kommunikation und unbekannte Reize. Vorhersehbarkeit und Vertrauen zum Menschen sind der Schlüssel
für eine korrekte Vorbereitung auf Herausforderungen
wie zum Beispiel einen Turnierplatz. Oft ruft Hektik
beim Menschen Unsicherheit beim Pferd hervor. Das
Pferd braucht Zeit, um Informationen zu sammeln über
ein Objekt, das es vor sich hat und das ihm Angst bereitet. Es muss die Informationen aufnehmen und sie in
seinem eigenen Tempo verarbeiten dürfen. Hat es ein
Bild als harmlos abgespeichert, ist die Wahrscheinlich-
keit, dass es beim nächsten Mal wieder davor scheut,
weit geringer, als wenn es nicht genügend Zeit hat,
sich darauf einzustellen. Man muss es ihm so präsentieren, dass es gemäß seiner Natur eine Chance hat, das
Objekt und auch die ganze Situation zu »verstehen«.

Wenn man mehr darüber erfahren möchte, welche
Einflüsse ein Tier ängstigen oder welche nicht, dann ist
es hilfreich, sich unter anderem näher mit dem Sichtfeld des Tieres auseinanderzusetzen. Denn dies liefert
zahlreiche Auslöser für sein Verhalten.

Das Sichtfeld des Beutetiers ist von großer Bedeutung beim Training von Pferden. Pferde haben ein pan-

oramaartiges Sichtfeld. Die Augen von Fluchttieren wie Pferden, Kühen und Schafen sind seitlich angesiedelt, sodass sie fast bis nach hinten sehen können. Das ist einer der Gründe, warum Kutschpferde Scheuklappen tragen: So sehen sie nicht nach hinten und können sich nicht erschrecken oder abgelenkt werden. Rennpferde hingegen tragen keine Scheuklappen, weil ihre Trainer wünschen, dass sie genau sehen können, wo sich die Pferde hinter ihnen befinden.

Wenn nun Pferde in ein Szenario gebracht werden, das ihnen fremd ist und für das sie im Vorfeld nicht desensibilisiert wurden, wie beispielsweise einen Turnierplatz, kann dies zu Problemen führen. Wenn die Rolle der Anführerschaft nicht geklärt und auch die Vertrauensebene nicht ausreichend etabliert ist, dann wird durch unbekannte Reize beim Pferd der Fluchtinstinkt ausgelöst. Dieses Verhalten kann man auch bei höchstem reiterlichem Niveau etwa auf der Olympiade beobachten.

Konzentrierte Vorbereitung des Pferdes auf alle möglichen äußeren Umstände sorgt für Sicherheit. Dazu gehört auch die Vorbereitung auf Geräusche. Pferde sind extrem geräuschempfindlich. Vor allem gegenüber schnell auftretenden und unvorhersehbaren Geräuschen. Die Welt der Pferde ist im Vergleich zu der des Menschen nahezu geräuschlos. Menschen sind wesentlich weniger sensibel gegenüber Lärm.

Turniere werden weniger für Pferde organisiert als für den Menschen, der Unterhaltung sucht. Dazu gehören alle möglichen lauten Geräusche. Ein Grund mehr, die Pferde gut auf menschliches Verhalten vorzubereiten.

Wenn man – so wie ich – in der Nähe von Pferden lebt, dann wird einem vieles deutlicher. Unter Menschen ist vieles laut, hektisch und unkalkulierbar. Menschen achten nicht so sehr auf äußere Einflüsse und Geräusche. Menschen können Krach in gewissem Maß überhören. Pferde bleiben bei Lärm stehen, strecken die Ohren, versuchen die Geräuschquelle zu lokalisieren und herauszufinden, ob es sich lohnt zu fliehen oder nicht. Wenn Menschen die Sensibilität des Pferdes ignorieren und bei seiner Wahrnehmung nicht Teil des Teams werden, dann eskaliert das Verhalten des Pferdes häufig – für uns unverständlich, aus der Sicht des Tieres jedoch mehr als verständlich.

Menschen sind eher so konzipiert, dass sie das sehen, was sie zu sehen erwarten. Ihr Geist steuert viele Handlungen. Pferde nehmen das wahr, was da ist, nicht Dinge, von denen sie befürchten, sie könnten geschehen.

Vorhersehbarkeit in der Körpersprache, eine gute Vorbereitung auf alles, was Menschen tun können, und ein Fundament des Vertrauens tragen dazu bei, Pferde angstfreier trainieren und ohne Aufregung vorstellen zu können. Es ist nicht so wichtig, was wir mit den Pferden machen, wichtiger ist, wie gut wir sie auf das vorbereiten, was sie tun sollen.

Warum scheuen Pferde, und was ist Scheuen eigentlich?

Wir bezeichnen die Scheubewegung des Pferdes als Refokussierung des Objektes. Pferde verfügen über eine andere Anatomie des Auges als der Mensch. Nicht nur die seitliche Positionierung spielt eine große Rolle, sondern auch die Struktur.

Erwähnt sei hier beispielsweise das Tapetum lucidum. Es handelt sich dabei um einen gefäßarmen, bindegewebigen Bereich im Inneren des Auges. Die vor dem Tapetum lucidum liegende Schicht ist die Netzhaut. Sie ist unpigmentiert, reflektiert eintreffendes Licht und erregt so die Fotorezeptoren der Netzhaut. Durch das Tapetum lucidum verdoppelt sich im Vergleich zum Auge des Menschen der Lichteinfall und sorgt in der Dämmerung für bessere Sicht.

Es bringt aber bei guten Lichtverhältnissen veränderte Verhaltensweisen mit sich. Entdeckt das Pferd ein Objekt, beispielsweise am Straßenrand, das es nicht scharf erkennen kann, so benötigt es eine freie Kopfbewegung, um ein Bild entstehen lassen zu können, aus dem sich ergibt, ob es sich um einen Wolf oder einen Stein handelt. Das bedeutet, dass ich berücksichtigen muss, wie ich das Objekt anreite, wie viel Kopffreiheit ich gebe, welche Entfernung ich einhalte und mit welcher Hirnhälfte ich nun umgehen muss. Dadurch, dass ich beim Reiten das Pferd steuere und Richtung und Geschwindigkeit vorgebe, ist die natürliche Sicht des Pferdes durch die Zügel – in einer relativ fixierten und veränderten, nicht natürlichen Kopfposition – eingeschränkt.

Ich muss also nicht nur theoretische Kenntnisse über anatomische Gegebenheiten besitzen, sondern in der Praxis viele Faktoren berücksichtigen lernen: Hirnstrukturen, Sichtfeld, instinktive Verhaltensweisen, das Lesen des körpersprachlichen Ausdrucks.

Bin ich in der Lage, all diese Dinge zu berücksichtigen und auch zu wissen, wann ich mich wie verhalten muss, um dem Tier Sicherheit zu geben, wozu beispielsweise gehört, dass ich es in die Lage versetze, eine Sache klar erkennen und fokussieren zu können, dann kann ich Pferde erfolgreicher trainieren.

Dies erfordert mehr Können und Einfühlungsvermögen, als in Wochenendseminaren oder Fernstudien gelehrt und gelernt werden kann. Die theoretischen Erkenntnisse der Wissenschaft in die Pferdepraxis wertvoll zu integrieren erfordert ein Umfeld, in dem diese Art des Umgangs und Trainings gelebt wird, und ein jahrelanges Studium unter Anleitung – vielleicht sogar ein lebenslanges Studium.

Wie bestrafen oder belohnen Sie Pferde?

Es wird häufig angenommen, dass ich Pferde nicht bestrafe und nur mit viel Zeit, Geduld, Ruhe und Liebe mit ihnen umgehe. Das ist einerseits richtig, andererseits handelt es sich um eine Fehlinterpretation. Bestrafung ist die Bezeichnung für die Wirkung von Ereignissen, die mit unangenehmen oder schmerzhaften Empfindungen verbunden sind und auf bestimmte Reaktionen oder Handlungen folgen.

Bestrafen wird also häufig mit Zufügen von Schmerz und Schlägen gleichgesetzt. Niemals würde ich Schmerz, Angst oder Furcht verursachen, wenn ich einem Pferd vermitteln möchte, dass sein Verhalten inakzeptabel ist. Durch Angst oder Furcht steigt der Adrenalinspiegel des Lebewesens an, zugleich sinkt die Lernfähigkeit.

Bestrafung an sich ist jedoch nichts anderes als ein Verfahren der Konditionierung,[6] damit bestimmte Reaktionen nicht mehr auftreten. Auf ein bestimmtes Verhalten lasse ich einen aversiven Reiz folgen (positive Bestrafung), oder ich entferne einen angenehmen Reiz (negative Bestrafung).

Nehmen wir ein Beispiel für einen aversiven Reiz

---

[6] Allgemeine, umfassende Bezeichnung für Maßnahmen und innere Prozesse, in deren Folge umschriebene Reaktionen oder Verhaltensweisen im Zusammenhang mit bestimmten Situationsmerkmalen mit veränderter Intensität und/oder Häufigkeit gegenüber vorher auftreten.

bei unerwünschtem Verhalten des Pferdes. Dazu muss ich zunächst die Natur des Pferdes betrachten, da ich nicht für Menschen verständliche Bestrafungsformen anwenden kann, denn die kann das Tier nicht verstehen. Ein Peitschenhieb ist nicht verständlich, erregt Angst und Adrenalinausschüttung, und das Pferd lernt nichts. Für die Erziehung des Pferdes ist diese Aktion also relativ wertlos. Sicherlich kann ich zwar ein konditioniertes Verhalten damit hervorrufen, aber niemals eine motivierte Lernsituation erzeugen.

Bereits Thorndike stellte fest, dass Bestrafung einen verhaltensdesorganisierenden Effekt besitzt und nachfolgendes Lernen unter Belohnungsbedingungen durch generalisierte Bestrafungserwartungen in derselben Situation beeinträchtigt wird.

Suchen wir also Elemente, die in der Natur vorhanden sind. Grundsätzlich bezeichnen wir Pferde als Energiesparer. Pferde sind Pflanzenfresser, deren anatomische Struktur einen kleinen Magen sowie einen etwa dreißig Meter langen Darmtrakt aufweist. Sie können nur geringe Nahrungsmengen aufnehmen, damit sie jederzeit fluchtbereit sind. Das bedeutet, dass Pferde am Tag etwa achtzehn bis zweiundzwanzig Stunden Zeit mit der Nahrungsaufnahme verbringen, um ihren Grundenergiehaushalt zu decken. Es bleibt nicht viel Zeit, um einen Energieverlust auszugleichen, der durch Flucht entstanden ist. Daher geht ein solches Tier mit seinen Fluchtentscheidungen sorgfältig um.

Pferde ziehen in Ruhe, haben die Köpfe unten und versuchen ständig, Nahrung aufzunehmen. Droht Gefahr, wird sorgfältig abgewogen, der Gegner im Auge behalten und erst beim sicheren Angriff der Fluchtinstinkt ausgelöst. Nach etwa vier- bis sechshundert Metern zurückgelegter Fluchtdistanz überprüft das Pferd, ob es weiter fliehen muss. Ist der Verfolger abgehängt, also keine Flucht mehr nötig, kann das Pferd wieder zügig mit der Nahrungsaufnahme beginnen. Das instinktive Verhalten ist also grundsätzlich energiesparend, vor allem wenn Gefahrensituationen für den Herdenverband entstehen können.

Aus dieser Erkenntnis heraus wende ich ein auf Gegensätzen basiertes Erziehungssystem an, bei dem ich als negative Konsequenz für unerwünschtes Verhalten Arbeit einsetze und als positive Konsequenz für positives Verhalten Ruhe.

Konsequenzen müssen immer sehr sorgfältig und unter Berücksichtigung des Individuums mit Erfahrung und Augenmaß sowie in einer fürsorglichen Sichtweise dosiert werden. Sie dürfen nie einem mechanischen Verhaltensschema entsprechen, sondern sollen das Pferd zu einer Einsicht führen, an der es sich mit seinen geistigen Fähigkeiten orientieren kann.

Ein Pferd in eine energieaufwendige Situation zu bringen bedeutet nicht, es sinnlos im Kreis herumzuscheuchen und ihm Angst einzujagen, sondern lediglich, es kompetent und kontrolliert zu bewegen. Si-

cherheit und Gesundheit haben dabei oberste Priorität.
Ich bringe das Pferd in eine Situation mit einer klar
verständlichen Wahlmöglichkeit. So kann es sich entscheiden, ob es den energiesparenden Weg wählt oder
den energieaufwendigen. Damit bestimmte Reaktionen
seltener vorkommen – zum Beispiel beim Verladen vor
der Rampe stehen zu bleiben –, biete ich nach dem
Auftreten dieser Reaktion einen aversiven Reiz – Bewegung vor dem Anhänger –, damit die unerwünschte
Reaktion – das Stehenbleiben vor der Rampe – zurück-
geht.

So mache ich das, was ich will, für das Pferd komfortabel, und das, was das Pferd will, unkomfortabel.
Dem Pferd stehen also zwei Handlungsoptionen zur
Verfügung. Wir behalten die Rolle der Anführerschaft
durch das Bestimmen von Richtung und Geschwindigkeit und richten das Pferd vor dem Anhänger vorwärts
und rückwärts. Das heißt, wir machen das Erlebnis vor
dem Anhänger unkomfortabler als den Weg nach vorn
in den Anhänger. Das Pferd wählt grundsätzlich den
Weg des geringeren Widerstandes, das instinktive Handeln führt es zur energiesparenden Option, nämlich dem
Stehen im Anhänger.

Nun stellt sich die Frage, wie ich das Pferd in dieser
Situation belohne. Belohnung an sich ist ein Synonym
für positives Verstärken. Es handelt sich um einen Reiz,
der, wenn er auf eine Reaktion folgt, bewirkt, dass diese
Reaktion häufiger auftritt. Das Pferd geht nun also in

den Anhänger, in den es eigentlich nicht wollte. Die größte Form der Belohnung bei diesem Beispiel ist, dem Pferd zu gestatten, den Anhänger gleich wieder zu verlassen, um zu erreichen, dass es erneut, aber motiviert in den Anhänger geht. Im laufenden Prozess steigere und verändere ich dann die Belohnungsformen, damit das Verlassen nach dem Einsteigen nicht zur Gewohnheit wird.

Um sich selbst vor anthropomorphischen Gedanken zu bewahren, sollte man in Betracht ziehen, dass es sich hier vermutlich nicht um eine geistige Verarbeitung und Entscheidung des Pferdes handelt. Bildet man Gegensätze, um das Pferd zu »bestrafen« oder zu belohnen, sollten ihm keine Entscheidungsmöglichkeiten geboten werden, die aus zwei gleich starken Reizen bestehen.

Gibt es Tageszeiten, die sich für die Arbeit mit Pferden besser eignen als andere?

Zu welcher Uhrzeit Pferde trainiert werden, ist durchaus von Bedeutung. Das Einhalten gleicher Zeiten und das Etablieren von vorhersehbarer Routine sind sehr hilfreich. Pferde lernen durch das Etablieren und Befolgen von Routine. Fütterungszeiten, Wetterbedingungen, Weidezeiten spielen eine Rolle in der Festlegung der Arbeitszeiten. Pferde lernen durch Gewohnheit. Das Durchbrechen der Routine sorgt für Konflikte und stört die Lernbereitschaft ebenso wie die Aufnahmefähigkeit.

Wie viel Schlaf braucht ein Pferd?

Wir unterscheiden bei den Pferden vier unterschiedliche Ruhezustände: die allgemeine Untätigkeit, die auch als Leerlauf bezeichnet wird, das Ruhen, das Dösen und das Schlafen.

Die Untätigkeit ist eine Art passives Warteverhalten zwischen verschiedenen Aktivitäten. Man kann häufig beobachten, wie Pferde an heißen Tagen Schatten aufsuchen und versuchen, sich Fliegen vom Leib zu halten. Das Pferd steht dabei still, entlastet die Fesselgelenke und verlagert regelmäßig das Gewicht von einem Bein auf das andere. Es nimmt die Umwelt wahr und trägt den Kopf in normaler Höhe leicht entlastet.

Das Ruhen ist eine Phase zwischen Dösen und Schlafen, das im Stehen oder aber auch im Liegen stattfindet. Auch wenn das Pferd liegt, hält es trotzdem den Kopf aufrecht und legt ihn nicht ab. Gelegentlich ist zu beobachten, dass die Nüstern sich etwas absenken und den Boden leicht berühren, aber dennoch befindet sich das Pferd in einem Wachzustand.

Beim Dösen stehen die Pferde meist mit geöffneten Augenlidern da, der Kopf hängt auf mittlerer Höhe, ist also etwas entspannter abgesenkt als in einem vollkommenen Wachzustand; das Sprunggelenk im Hinterbein befindet sich in einem völligen Entlastungszustand. Erwachsene Pferde schlafen in der Regel drei bis fünf Stunden pro Tag, die Zwischenphase des Dösens nimmt etwa zwei weitere Stunden ein.

Beim Schlaf unterscheidet man zwischen zwei unterschiedlichen Schlaftypen: *slow-wave sleep* (SWS) und *rapid eye movement sleep* (REM), Letzteres ist die Schlafphase, die auch als Tiefschlafphase bezeichnet wird. SWS ist sozusagen die »Vorschlafphase« und die einzige Form des Schlafens, die auch an stehenden Pferden zu beobachten ist. Man nimmt an, dass in der SWS-Schlafphase das Hirn ruht, während in der REM-Schlafphase die Muskulatur Erholung findet. Die Vermutung liegt nahe, denn man kann in dieser Phase beim liegenden Pferd keine Muskelbewegung registrieren.

Wichtig zu wissen ist, dass der SWS nicht die Tiefschlafphase REM ersetzen kann, die als bedeutende Ruhephase für den Lebenserhalt gilt. Man kann davon ausgehen, dass diese Form des Erholungszustands überwiegend in flach abgelegter seitlicher Position erreicht wird.

Die veraltete und längst verbotene Ständerhaltung, die man beim Blick hinter die Kulissen gelegentlich selbst heute noch in sogenannten »Vorzeigebetrieben« vorfindet, hat uns vermutlich viele Pferdeleben gekostet. In der Ständerhaltung ist dem Pferd ein seitliches Ablegen unmöglich, und somit kann es keine REM-Schlafphase haben.

Bei der Stallhaltung liegt die Verteilung der vier Ruhezustände ungefähr bei fünfundsiebzig Prozent Schlaflosigkeit/Wachsamkeit, vier Prozent REM-Schlaf, dreizehn Prozent SWS-Schlaf und acht Prozent Dösen. Ein Vierundzwanzig-Stunden-Zyklus besteht aus neunundsiebzig Prozent Stehen und einundzwanzig Prozent Liegen. Etwa sechzig Prozent ist das Pferd mit Nahrungsaufnahme beschäftigt. Solche Studien sind deshalb so wichtig, weil sie es uns ermöglichen, die Haltung von Pferden artgerechter, tierschutzkonform und gewaltfrei zu gestalten.[7]

Durch die AKA wird ein Transfer dieser Erkenntnisse in die Praxis unterstützt.

[7] Siehe hierzu: A. F. Frazer, »Curious idling«. In: *Appl. Animal Ethol*, 9, 1983, S. 159–164; P. R. van Weeren/M. O. Janson/A. J. van den Bogert/A. J. und A. Barnevald, »A kinematic and strain gauge study of the reciprocal apparatus in the equine hindlimb«. In: *Biomech*, 25, 1992, S. 1291–1301; A. Dallaire, »Rest behavior«. In: *Vet. clin. north. amer. (Equine Practise)*, 1986, S. 591–607.

Was muss man beachten, wenn man einen Trainingsplan für ein Sportpferd erstellt?

Grundsätzlich muss ein Trainingsplan so konzipiert sein, dass das Pferd die Freude an der Arbeit nicht verliert und sein Wille, Leistung zu erbringen, erhalten und gefördert werden kann. Durch Integration der Natur des Pferdes gelingt dies auch auf einer psychologischen Ebene. Technisch jedoch strukturiert die Trainingsplanung den Trainingsprozess.[8] Dabei müssen die Trainingsziele einbezogen werden. Die Trainingsplanung soll so gestaltet sein, dass ein realistisch gesetztes Ziel gesund erreicht werden kann. Zielsetzungen müssen kurz-, mittel- und langfristig festgelegt werden. Dies beeinflusst die Trainingsplanung, die analog zu den Trainingszielen lang- (Jahre) bis kurzfristige (Woche/Tage) Aspekte beinhalten muss.

Die langfristige Planung umfasst die Entwicklung vom jugendlichen zum erwachsenen Leistungssportler beziehungsweise vom jungen zum ausgewachsenen Pferd. Die Grundsätze der langfristigen Planung lauten:

1. vom Allgemeinen zum Speziellen
2. von der Koordination zur Kondition.[9]

[8] Kunz, 2000.

[9] Kunz, 2000.

Für den Menschen bedeuten diese zwei Leitsätze, dass in den jungen Jahren vor allem Wert auf Koordination und ein breit gestütztes Konditionstraining gelegt wird. Erst allmählich, mit dem Übertritt ins Erwachsenenalter, werden auch die Technik und die sportartspezifische Kondition trainiert. Also die Phase, in der dann die Entscheidung getroffen werden kann, ob das Pferd gemäß seiner physischen und psychischen Verfassung auch in der Lage ist, den Dressur- oder Springanforderungen, dem Rennsport, Polo, der Vielseitigkeit oder anderen Disziplinen gerecht zu werden.

Die medizinischen Erkenntnisse aus dem menschlichen Bereich können gut auf das Pferd übertragen werden. Die jungen Pferde dürfen auf keinen Fall durch zu intensive Arbeiten überfordert werden. Ein Fehler, der häufig im Polo-, Galopp- oder Trabrennsport gemacht wird, aber auch in anderen Disziplinen. Konkret und praktisch bedeutet dies, schnelles Arbeiten zu unterlassen.[10] In dieser Aufbauphase gilt es, das Pferd nur an die äußeren Umstände zu gewöhnen, es koordinativ zu schulen und zugleich eine Grundkondition aufzubauen.

Ich plädiere grundsätzlich für einen täglichen mehrstündigen freien Gang im Paddock oder auf der Weide. Pferde, die nur einmal am Tag für das Sporttraining ihre etwa drei mal vier Meter kleine Box verlassen dürfen,

---

[10] »Speed is a real killer with young horses«. Eriksson, 1996.

haben sicherlich keine große Motivation und leben ein tristes und trauriges Dasein. Während der freien Bewegung findet die wichtige biologische Anpassung des Körpers statt, die schließlich zur Leistungssteigerung führt.

Bei der kurzfristigen Planung (ein Jahr und kürzer) kommt der Begriff »Periodisierung« ins Spiel. Die Periodisierung bezeichnet die Wechselbeziehung zwischen Trainingsintensivierung und -drosselung.[11] Im Sport ist es nicht möglich, über längere Zeit konstant an der Leistungsgrenze zu bleiben. Eine Periodisierung der Leistung ist zwingend, welche Leistung auch immer ich abfordern möchte. Häufig kann ich, wenn ich eine durchschnittliche Turniersaison in Deutschland beobachte, sehen, wie Pferde aus den Amateurbereichen von ihren Besitzern und Bereitern durch den Sommer geschleppt werden und Wochenende für Wochenende Spitzenleistungen erbringen müssen. Und Spitzenleistung bedeutet nicht hohe Klasse oder olympisches Niveau, sondern wird immer dann gefordert, wenn ein Pferd an seiner Leistungsgrenze dauerhaft aktiv sein muss – unabhängig davon, ob die Leistung im E-Parcours oder in der S-Dressur abgefordert wird.

Eine Periodisierung oder überhaupt ein bewusster Umgang mit Trainingsplanung, -durchführung, -kontrolle und -auswertung – auch aus medizinischer Sicht –

[11] Hotz, 2000.

findet in der Praxis meist nicht statt. In und vor allem am Ende der Saison steigt die Verletzungsrate der Pferde.

Trainingsintensivierung und -drosselung sind Ausdruck der Variation von Trainingsintensität und -umfang. Bei hoher Intensität muss der Umfang gering gehalten werden, hingegen ist bei geringer Intensität ein größerer Trainingsumfang möglich. Detaillierte Angaben, also wissenschaftliche Arbeiten über das Training von Sportpferden, die auch Belastungsmöglichkeit, Ermüdungszustände, Regenerationsphasen und den idealen Zeitpunkt für den nächsten Trainingsreiz beschreiben, findet man in der Fachliteratur nur selten. Falls doch, sind es meistens Angaben aus dem Ausland.

Bedenkt man nun, dass allein im Jahr 2006 2,73 Millionen Nennungen und Starts im Turniersport in der Kategorie A+B+C bearbeitet wurden, und das bei nur 135 153 registrierten Turnierpferden, erkennt man deutlich, wie viel Leistung jedem einzelnen Pferd im Sport abverlangt wird. Rund 1,7 Millionen Menschen betreiben in Deutschland regelmäßig Pferdesport in unterschiedlichen Disziplinen. Nicht eingeschlossen ist hier der Trab- und Galopprennsport als ein weiterer starker Faktor. In all diesen Disziplinen werden den Pferden Woche für Woche, Tag für Tag und Wochenende für Wochenende Spitzenleistungen abverlangt – unabhängig von der Leistungsklasse. Der bewusste Umgang mit Trainingsplänen unter Berücksichtigung der Natur des Pferdes und der medizinisch relevanten

Aspekte trägt einen großen Anteil zur ausgewogenen Psyche des Pferdes bei, vor allem indem ein übermäßiges Training vermieden wird.[12]

---

[12] Siehe hierzu: H. Kunz/A. Hotz, »Trainingssteuerung und Leistungsentwicklung«. In: *Erfolgreich trainieren*, hrsg. v. J. Hegner/A. Hotz/ H. Kunz, Zürich: Akademischer Sportverlag 2000, S. 7–19, 155–167. FN Deutsche Reiterliche Vereinigung, Zahlen und Fakten. Siehe ferner: Simone Stahel, *Erhebung von Trainingsintensitäten und -umfang bei Trabrennpferden in der Schweiz*, Diss., Zürich, 2004.

Finden Sie das regelmäßige Longieren als Trainingsmaßnahme sinnvoll?

Das hängt ganz davon ab, ob man eine Einzel- oder eine Doppellonge verwendet. Die Arbeit an der Einzellonge zählt meiner Ansicht nach zu den schlimmsten Methoden beim Pferdetraining.

Zum einen kann sie das Pferd so von seiner angeborenen Sprache »Equus« entfremden, dass es ihm nicht ohne Weiteres möglich ist, mit dem Menschen durch Körpersprache und Blickkontakt zu kommunizieren. Das Pferd läuft an der Einzellonge im Kreis und erfährt negative Konsequenzen, beispielsweise durch die Bahnpeitsche, wenn es den Zirkel verkleinert. Der verkleinerte Zirkel wird jedoch als eine Geste des Energiesparens verstanden. Das Pferd sucht der arbeitsaufwendigen Tätigkeit zu entkommen und versucht mit dem »Anführer« der Situation in der Mitte des Zirkels Kontakt aufzunehmen, indem es klar erkennbare Körpersignale aussendet. Wenn der Mensch diese nicht »lesen« kann, wird er das Verhalten des Pferdes als Abkürzen oder gegebenenfalls sogar als Faulheit interpretieren, und häufig kommt die Peitsche zum Einsatz. Es wird dann für den Versuch bestraft, in einen Dialog mit dem Menschen zu treten.

Darüber hinaus trägt die Arbeit mit der Einzellonge nicht dazu bei, das Pferd zu gymnastizieren und die für die verschiedenen Sportdisziplinen erforderlichen Muskeln zu fördern, ganz im Gegenteil. Durch das Fixieren der Longe an Kappzaun oder Trense entsteht eine einseitige Einwirkung. Das Gewicht der Longe und die bei der Bewegung auf dem Zirkel entstehende Zentrifugalkraft veranlassen das Pferd, sich auf der Kreislinie nach außen zu biegen. Mit nach außen gewendetem Kopf und entgegen der Kreislinie gekrümmtem Rückgrat ist es dem Pferd nicht nur unmöglich, sich auszubalancieren, sondern es belastet auch seinen Bewegungsapparat falsch; das kann zu Folgeschäden an Sehnen, Muskeln und Gelenken führen.

An der Doppellonge hingegen arbeitet man mit einem Gleichgewicht auf beiden Seiten des Pferdes und hält damit sein Rückgrat gerade. Das Pferd kann sich hervorragend ausbalancieren und durchläuft gut beschäftigt Volten, Seitenwechsel und weitere Hufschlagfiguren gemeinsam mit dem Menschen. Zu psychologischen Missverständnissen kommt es nicht mehr.

Die Signale, die das Pferd aussendet, um die Kommunikation mit dem Menschen aufzunehmen, erfolgen nach instinktiven (also ungelernten) festgelegten Mustern. Zunächst richtet das Pferd das innere Ohr auf den Menschen als das Signal für Aufmerksamkeit. Dann folgt das Verkleinern des Zirkels, was eine Andeutung zum Beenden der Arbeit ist – oder auch interpretiert werden kann als »Ich will näher bei dir sein«.

An der Einzellonge hat man nun nicht die Möglichkeit, zu antworten und den weiteren Kommunikationsprozess aufrechtzuerhalten. Denn naturgemäß würden nun die weiteren Signale wie das Lecken und Kauen, das Senken des Kopfes erfolgen. An der Doppellonge können Sie mit dem äußeren Zirkel den Kopf auf dem Hufschlag halten und so das kommunikative Verkleinern des Zirkels verhindern. Es kommt also nicht zu der für das Pferd unverständlichen Situation, in der der Mensch auf die Gesten des Pferdes nicht eingeht, sondern es stur weiterarbeitet.

Das heißt, Sie bestrafen das Pferd nicht mit der Peitsche wie bei der Einzellonge, was die Kontaktaufnahme über Körpersprache verhindert, sondern bleiben in einer positiven Kommunikation, in der Sie mit dem äußeren Zügel positiv auf das Verkleinern des Zirkels einwirken können. Diese Vorgehensweise wird nicht nur der Physiologie des Pferdes gerecht, sondern auch seiner Psychologie.

Was halten Sie von Führmaschinen und Laufbändern, auf denen im Bereich des Sports
Pferde trainiert werden? Kann man sie auch in
anderen Bereichen einsetzen? Halten Sie das
für sinnvoll und artgerecht?

Bei jeder Aktivität muss ein Pferd angemessen vorbereitet werden, und zwar unter Berücksichtigung seiner natürlichen Verhaltensweisen. Nur so kann es angstfrei auf
einem Laufband oder in einer Führmaschine arbeiten.
Zunächst muss der Trainer überhaupt erkennen lernen, welche Angst das Tier bei dieser Arbeit empfindet.

Dazu gibt es ethologische Erkenntnisse. Angst entsteht beim Pferd viel früher als gemeinhin angenommen. Für viele beginnt »Angst« im Pferd erst, wenn es
in einen Panikzustand geraten ist oder es einen Unfall
gegeben hat und es sich nun aufgrund der gemachten
Erfahrung nicht mehr dem Gerät nähert. Dann ist es
aber oft zu spät.

Pferdefachleute müssen lernen, das Angstniveau in
der Gestik des Pferdes zu lesen und entsprechend zu
agieren, damit sie das Verhalten der Tiere rechtzeitig
positiv beeinflussen können. Menschen müssen für das
Pferd optimale Bedingungen schaffen, die den Bedürf-
nissen der Tiere weitgehend entsprechen und bei denen
schädigende oder Angst bereitende Einflüsse minimiert
werden.

Dieses wichtige Thema findet in der gängigen Fachausbildung leider kaum Beachtung.

Beim täglichen Einsatz bei der Arbeit mit dem Pferd sehe ich die Verwendung des Laufbandes kritisch. Es ersetzt nicht die wechselnden Einflüsse der Natur von Licht, Luft, Wärme, Kälte, Wind, Regen und Sonne. Natürliche Umstände, wie auch Tief- und Hochdruck, haben einen äußerst wichtigen Einfluss auf den Gesundheitszustand eines Pferdes und wirken sowohl auf das hormonelle als auch das vegetative System. So sollte ein Laufband oder eine Führmaschine weder einen Ritt durch die Natur noch den täglichen Weidegang ersetzen.

Bei Rückenschädigungen, Schädigungen des Bewegungsapparates oder für Forschungszwecke halte ich den Einsatz eines Laufbandes durchaus für sinnvoll. Mit seiner Hilfe hat die Forschung im Bereich der Leistungsphysiologie und Sportmedizin im Wissen über den arbeitenden Pferdekörper und die Einflüsse von Training zur Entwicklung neuer diagnostischer Methoden und therapeutischer Mittel große Fortschritte gemacht. Die sportmedizinische Betreuung hat zum Ziel, den Athleten unter Erhaltung seiner Gesundheit optimal für eine bestimmte Aufgabe vorzubereiten, leistungsmindernde Einflüsse frühzeitig zu erkennen und diese zu eliminieren.

Hier bin ich sehr für den Einsatz eines Laufbandes, nicht jedoch in Trainingsställungen, in denen mit Pferden ohne medizinische Überwachung auf dem Laufband gearbeitet wird.

Im Unterschied zu Menschen kann ein Pferd nicht über gesundheitliche Probleme wie Atemnot, Schwindel oder Herzrasen oder gar Muskelbeschwerden berichten und dann selbst entscheiden, wann es Zeit ist, die Arbeit zu beenden. Ein Pferd auf einem Laufband oder auch in einer Führmaschine ist wie in nahezu allen Lebensumständen abhängig von dem verantwortlichen Menschen. Diese Personen benötigen deshalb Bildung und Kompetenz.

Ich habe einmal in einem sehr bekannten Trainingsstall erlebt, dass ein Pfleger die Pferde auf einem Laufband während der Mittagspause vergessen hat. Die Pferde sind über drei Stunden gelaufen, davon zwei Stunden getrabt. Das war ignorant und inakzeptabel. In einem anderen bekannten Stall, in dem ich ein Springpferd betreute, das Angst vor dem Wassergraben hatte, ließ der verantwortliche Pfleger die Pferde eine ganze Nacht lang in der Führmaschine laufen und sagte zu seiner Rechtfertigung, die Pferde liebten doch viel Bewegung.

Ganz anders beurteile ich den Einsatz dieser Einrichtungen unter medizinischen und professionellen Gesichtspunkten. Man erhält wichtige Informationen über den Gesundheitszustand und über die Leistungsbereitschaft eines Sportpferdes am arbeitenden Tier. Hier können die verschiedenen Organe, namentlich der

Bewegungsapparat, der Atmungsapparat und das Herz-Kreislauf-System, auf ihre Funktion hin überprüft werden.

Diese Aufgabe steht im Mittelpunkt des Sportmedizinischen Leistungszentrums für Pferde (SLP) an der Veterinär-Chirurgischen Klinik der Universität Zürich.[13] Das wohl wichtigste Arbeitsinstrument des Leistungszentrums ist ein Hochgeschwindigkeitslaufband. Die Lauffläche des Laufbandes kann stufenlos bis 14,5 m/s (etwa 52 km/h) beschleunigt und vorn bis zu einer Steigung von elf Prozent angehoben werden. Die Pferde werden auf diese Weise hohen Arbeitsintensitäten ausgesetzt und bis zu ihrer Leistungsgrenze gebracht, ohne dass sie maximale Geschwindigkeiten im Galopp oder Trab laufen müssen.

Erkrankungen des Bewegungsapparates sind immer noch die häufigste Ursache für eine Unterbrechung oder gar für den frühzeitigen Abbruch der Karriere eines Sportpferdes. Neben der traditionellen Beurteilung des Bewegungsablaufes »von Auge« existieren verschiedene Hilfsmittel, um die Bewegungen genauer studieren oder gar markante Eigenschaften der Bewegung messen zu können.

---

[13] Das Zentrum wurde im Zusammenhang mit der Berufung von Prof. Dr. Jörg Auer zum Direktor der Veterinär-Chirurgischen Klinik der Universität Zürich ins Leben gerufen. Die Leitung des Zentrums obliegt Dr. Michael A. Weishaupt; er wird unterstützt von Tierärzten der Veterinär-Chirurgischen und Veterinär-Medizinischen Klinik.

Auf dem Laufband laufen die Pferde bei einer vor-gegebenen Geschwindigkeit äußerst regelmäßig. Das Pferd kann man dabei von allen Seiten genauestens beobachten. Subtile Abweichungen vom normalen Gangmuster kann man somit besser erkennen. Auch für Bewegungsstörungen, die sich erst bei hohen Geschwindigkeiten manifestieren, eignet sich das Laufband ausgezeichnet.

Wo das Auflösungsvermögen des menschlichen Auges nicht mehr ausreicht, hilft eine Videoaufzeichnung. Je nachdem, wie viele Bilder pro Sekunde angefertigt werden, löst die Zeitlupenbetrachtung jede einzelne Bewegung bis ins kleinste Detail auf. Mit reflektierenden Markern an maßgebenden Stellen kann zusätzlich die Beobachtung von sehr schnell sich bewegenden Körperteilen vereinfacht werden.

Ein messbarer Parameter, der genauestens über die Belastungsverhältnisse der Gliedmaße Auskunft gibt, ist die vom Huf auf den Boden ausgeübte Kraft. Hat das Pferd in der betreffenden Gliedmaße Schmerzen, wird es dieses Bein weniger stark und weniger lang belasten, und somit ist die Kraft auf den Boden entsprechend vermindert. Diese Kräfte zu messen, und zwar von allen Gliedmaßen gleichzeitig, hat sich die Veterinär-Chirurgische Klinik als Entwicklungsziel gesetzt. In das Laufband des Leistungszentrums wurden deshalb zwischen den Widerlagern und der Stahlplattform Drucksensoren eingebaut. Diese messen alle auf die Lauffläche einwirkenden Kräfte. Zusammen mit den Daten eines Ortungssystems, das die genaue Position der vier Gliedmaßen auf dem Laufband erfasst, werden die vier Kraftkurven zurückgerechnet und wird deren Verlauf dargestellt.

Dieses System, das sich im Endstadium der Entwicklung befindet, wird uns wichtige Informationen über die Kraftverteilung zwischen den verschiedenen Gliedmaßen bei Lahmheiten und nach erfolgter Therapie geben. Auch wird es interessant sein, den Einfluss der Ermüdung auf die Auffußungskräfte zu studieren, da sich die Pferde gerade in diesen Momenten die meisten Gliedmaßenverletzungen zuziehen.

Den Einsatz eines Laufbandes für solche Zwecke halte ich für sehr sinnvoll, da die Erkenntnisse der Mediziner der Gesundheit vieler Pferde dienen können. Die Studierenden unserer Akademie erlernen Grundkenntnisse der Bewegungswissenschaft, sodass sie später in der freien Wirtschaft solche Probleme erkennen und positiv beeinflussen können.

Sind manche Zweige des Pferdesports artgerechter und pferdefreundlicher als andere?

Jede Disziplin hat gute, also pferdefreundliche, und schlechte, also nicht artgerechte Seiten. Ebenso gibt es auch gute und schlechte Pferdefachleute. Wichtig ist im Grunde nicht, was wir mit den Pferden machen, sondern wie wir es machen.

Nehmen wir als Beispiel das Rennreiten. Viele Aspekte dieser Sportart entsprechen der Natur des Pferdes. So dürfen die Pferde hier in Gruppen trainieren und bei Rennen antreten, anstatt allein arbeiten zu müssen. Außerdem deckt sich das, was man von ihnen verlangt, mit ihren natürlichen Fähigkeiten.

Andererseits werden Galopper häufig nicht artgerecht und den Anforderungen ihres Körpers entsprechend gymnastiziert oder nur ungenügend vorbereitet. Nur selten sieht man Rennpferde im Training, die lernen, am Zügel zu gehen. Sie lernen also nicht, bei ihrer Arbeit eine ergonomisch richtige Haltung einzunehmen, und erleiden mit der Zeit häufig schmerzhafte Schäden am Bewegungsapparat.

Durch das Dressurreiten wiederum werden Pferde zwar gründlich gymnastiziert und lernen, auf rückenschonende Art »durch das Genick« zu gehen. Andererseits aber ist der Reiter bemüht, vollständige Kontrolle über sie auszuüben. Viel zu wenige Dressurreiter – vor allem im unteren und mittleren Niveau – wissen, wie ein Pferd korrekt gestellt werden muss.

Beim Polosport gefällt mir das Konditionstraining der Pferde. Der Galopp über die Felder, als Handpferd oder unter dem Reiter, bei dem die Poloponys ihre Lungenkapazität frei entfalten und entspannt abschnauben können, ist ein hervorragender Ausgleich, der auch Pferden aller anderen Disziplinen sehr gut tun würde. Dennoch hat auch Polo für Pferde negative Seiten. Aber so ist es bei jeder Disziplin: Zirkuslektionen, Springen, Dressur, Vielseitigkeit, Polo, Rodeo, Freizeit, alles bringt für das Pferd Vor- und Nachteile mit sich.

Aber wie schon gesagt: Entscheidend ist immer, wie mit dem Pferd gearbeitet wird. Beim Reiten und Fahren kommt es stets nicht nur auf die Hände an, welche die Zügel halten, sondern auch auf den Kopf, der die Hände steuert.

Ein Lösungsansatz wäre einerseits, dass Sportrichter und die verantwortlichen Organisationen härter durchgreifen und inakzeptables Horsemanship und ungenügend vorbereitete Pferde zu den Prüfungen gar nicht erst zulassen oder in deren Verlauf disqualifizieren beziehungsweise mithilfe von Vetchecks Scharlatane dingfest machen und diesen für ihre Aktivitäten die Plattform entziehen.

Andererseits muss den Menschen jedoch eine Bildungsmöglichkeit eröffnet werden, die Lösungen für die Probleme bereithält, damit die Athleten unter korrekter Vorbereitung dennoch ihren Weg in den Sport finden. Ich denke, dass die Akademie mit ihren qualifizierten Professoren diesen Prozess optimal unterstützen kann.

Was kritisieren Sie an den Sportreitern am meisten?

Grundsätzlich bin ich nicht gegen den Einsatz von Pferden im Sport. Das Pferd ist heute für viele ein Sportgerät, und dieser Markt ist nicht zu unterschätzen, um das Überleben des Pferdes in der heutigen Gesellschaft zu sichern. Ich plädiere nicht dafür, den Pferdesport aufzugeben, da ich auch häufig erlebe, wie Pferde gern Leistung bringen und ausgeglichen sind, wenn sie arbeiten können.

Wir haben den Pferden den natürlichen Lebensraum genommen, unsere Umwelt bietet keinen geeigneten Platz mehr für Pferde. Sie würden verenden und nicht lange überleben. Zu viel Beton, zu viele Straßen und Autobahnen. Damit haben wir eine Situation geschaffen, aus der wir das Beste machen müssen. Den Sport zu verbieten, Pferde in den Zoo zu stellen und sie wie Rehe in eingezäunten Wildgehegen zu bestaunen halte ich nicht für eine gute Lösung.

Fanatiker, die der Meinung sind, man solle Pferde nicht mehr reiten, finden nicht meine Zustimmung. Pferde verfügen über eine solche Kraft, Dynamik und einen so wachen Geist, dass ihnen die Teilnahme am Sport durchaus Freude bereiten kann. Wichtig ist nicht, was man mit den Pferden macht, sondern wie man es ihnen beibringt und ob sie dabei zufrieden sind.

Auf die Frage, ob ich viele zufriedene Pferde im

Sport sehe, muss ich derzeit leider mit »lange nicht genug« antworten. Daher verwende ich viel Lebenskraft auf die Verbesserung der Situation. Die Pferde könnten weitaus zufriedener sein.

Vieles lässt sich im Umgang mit Pferden verbessern. Da sind einmal die Inhalte der Ausbildung, dann ein Verbot von immer noch zugelassenen schmerzverursachenden Hilfswerkzeugen und die Einbeziehung wissenschaftlicher Ergebnisse in das Training von Pferden im Allgemeinen.

Vor allem im Amateur- und im semiprofessionellen Sport wird diesem Thema meines Erachtens zu wenig Beachtung geschenkt. Das betrifft vor allem diejenigen Reiter und Reiterinnen, die versuchen, am Wochenende auf einem Turnier mit einem schlecht trainierten Pferd ihr Ego zu befriedigen, weil sie für fünf Minuten in Frack und Zylinder oder rotem Jackett beklatscht werden wollen. Koste es, was es wolle. Und sei es die Gesundheit des Pferdes. Ich rede nicht vom Spitzensport, sondern von der Masse all der Turnierreiter, die mit gefährlichem Halbwissen und geringem Budget zu glänzen versuchen.

Auch diese Menschen müssen sich bewusst werden, dass sie Pferdetrainer sind und die Gesundheit des Tieres im Vordergrund steht. Hier wird von den übergeordneten Institutionen meines Erachtens zu wenig Aufklärungsarbeit betrieben, und auch viele Richter sind nicht ausreichend sensibilisiert.

Das übergeordnete Ziel eines jeden Trainers muss die Verbesserung der Leistungsfähigkeit des Pferdes unter Erhaltung dessen Gesundheit sein. Dies ist eine Gratwanderung, weil das Pferd von Natur aus ein hoch spezialisierter Athlet ist. Das heißt: Um eine Verbesserung der Leistungsfähigkeit zu erlangen, muss viel Arbeit erbracht werden, was gesundheitsschädigend sein kann. Mit dosierter Arbeit können gesundheitliche Schäden zwar eventuell vermieden werden, gleichzeitig sinkt aber der Trainingseffekt. Ich könnte in diesem Zusammenhang zahlreiche Pferdegeschichten aufzählen, die uns in der Akademie täglich begegnen.

Wir hatten vor Kurzem ein für S-Dressur ausgebildetes Pferd mit einem ausgeprägten Hahnentritt im Training. Das Pferd sollte verschenkt, es konnte im Sport nicht mehr erfolgreich eingesetzt werden, da sein Bewegungsapparat, aber vor allem der sich zunehmend verschlimmernde Hahnentritt zu Schwierigkeiten führte. Allein durch die psychologischen und physiologischen Einflüsse unserer Arbeit war der Hahnentritt unter dem Sattel in Bewegung in kürzester Zeit kein Problem mehr. Auch weitere Verhaltensstörungen wie Zähneknirschen, massive Körperanspannungen und Schreckhaftigkeit ließen im Lauf der Zeit nach.

Das Pferd befand sich über drei Jahre in professioneller Dressurausbildung eines renommierten Betriebes und wurde regelmäßig im Sport vorgestellt, ohne dass dem Problem besonderes Augenmerk geschenkt worden wäre. Professoren der AKA von der tiermedizinischen Fakultät Zürich begutachteten das Pferd in seinem Bewegungsapparat und seinen -abläufen. Alle vier Fachleute[14] entdeckten unabhängig voneinander unterschiedliche Verschleißerscheinungen im Bewegungsapparat und rieten zur dringenden weiteren, längst überfälligen medizinischen Analyse.

Solche Pferde sind Opfer schlechter oder fehlender Trainingspläne.

Unsere Geschichte fand übrigens ein trauriges Ende. Die Besitzerin ließ uns drei Monate warten, ehe sie das Pferd für die notwendigen Untersuchungen abholte, und teilte uns dann mit, dass sie es entweder in den Freizeitbereich verschenken oder eine Tötung veranlassen wolle. Sie hatte inzwischen zwei neue Pferde gekauft. Auch die werden es kaum besser haben.

Verursacher des Problems sind ja nicht die Pferde, sondern ihre Trainer. Würden medizinische und wissenschaftliche sportphysiologische Erkenntnisse berücksichtigt, könnten viele Pferde auch in diesen Bereichen erfolgreicher und gesünder als Sportpferde agieren.

Sowohl wissenschaftlich als auch in der praktischen Anwendung stecken diese Bereiche in den Kinderschuhen. Ein solches Dilemma kann nur mit einer durch-

---

[14] Prof. Dr. med. vet. J. A. Auer, Prof. Dr. med. vet. H. Geyer, Prof. Dr. med. vet. A. Fürst und Dr. med. vet. M. Weishaupt. Siehe auch: H. Wagner, »Training eines Mittelstreckenläufers«. In: *Proceedings des 3. St-Moritz-Symposiums für Pferdesportmedizin* 2000, S. 59–63.

dachten Strukturierung des Trainingsprozesses gelöst werden. Eine regelmäßige Trainingskontrolle und -auswertung sollte die Grundlage sein, ein gezieltes Training zu steuern – vor allem unter gesundheitlichen Aspekten.

Eine bewusste und kompetente Trainingssteuerung kann für das festgelegte Trainingsziel der Leistungsförderung unter Erhalt der Gesundheit eine entscheidende Hilfe sein. Auch um den Erfolg langfristig zu sichern. So wird beim Menschen beispielsweise versucht, jede Sportart in fünf verschiedene physische Fähigkeiten aufzuteilen: Ausdauer, Kraft, Geschwindigkeit, Beweglichkeit, Koordination.[15] Idealerweise müsste man beim Pferd ebenso wie beim Menschen alle fünf Fähigkeiten gezielt trainieren.

Zu wenige Reiter im Spitzensport auf olympischem Niveau machen sich Gedanken über die hohen Anforderungen, denen ihre Pferde gerecht werden müssen. Die meisten Sportreiter setzen keine klar definierten und überprüfbaren Ziele, die Orientierungspunkte sein sollten, gewissermaßen der rote Faden des Trainingsprozesses. Im Humansport gibt es eine sorgfältig geplante Zielsetzung, die sowohl langfristige als auch sehr kurzfristige Ziele beinhalten kann. Im durchschnittlichen Pferdesport, der die Masse bildet, ist die Zielsetzung meistens weniger detailliert. Es werden höchstens mit-

---

[15] Wagner, 1999; Kunz, 2000.

telfristige Ziele im Sinne von einigen wichtigen Turnie-
ren pro Saison angestrebt. Lang- und kurzfristige Ziele
werden vernachlässigt und damit auch oft die hinter solchen Zielen steckende Gesundheit des Athleten.

Wie bemisst man überhaupt sportliche Leistung beim Pferd?

Sportliche Leistungsfähigkeit ist eine Kombination von verschiedenen Eigenschaften. Diese Eigenschaften können grob in Beweglichkeit, Koordination, Schnelligkeit, Kraft und Ausdauer eingeteilt werden. Für jede spezifische Sportart beziehungsweise Disziplin sind diese Eigenschaften durch sportartenspezifisches Training subtil aufeinander abgestimmt.

Die Ausdauerkapazität oder Kondition ist eine grundlegende Eigenschaft, die für alle Sportdisziplinen die Basis bildet. Standardisierte Leistungstests, welche die Ausdauerkapazität selektiv prüfen, sind beim Menschen bestens etabliert und werden zur Trainingskontrolle regelmäßig durchgeführt.

Auch beim Pferd sind solche Tests, sogenannte Mehrstufenbelastungstests, durchführbar. Dabei werden die Pferde in Intervallen von neunzig Sekunden bis zwei Minuten progressiv höher belastet. Simultan wird die Herzfrequenz gemessen und pro Stufe eine Blutprobe für die Milchsäurebestimmung entnommen. Je niedriger die Herzfrequenz und die Milchsäureproduktion im Muskel bei einer definierten Belastungsintensität sind, desto besser konditioniert ist das Pferd.

Mit wiederholten Leistungstests während einer Trainingsperiode können die Ansprechbarkeit des Trainings objektiviert, Trainingsstimuli feiner abgestimmt, Übertraining vorgebeugt und gesundheitliche Probleme frühzeitig erkannt werden. Die sportmedizinische Untersuchung basiert immer auf einer sorgfältigen orthopädischen und medizinischen Untersuchung. Informationen und Erfahrungen von Trainern und Reitern haben einen ebenso hohen Stellenwert.

Jedes individuelle Pferd soll als Ganzes erfasst werden. Auf diese Weise erhoffen wir uns, in Zusammenarbeit mit Besitzern, Trainern, Reitern und Fahrern das Leistungspotenzial eines jeden Pferdes voll ausschöpfen zu können.[16]

---

[16] Quellen für die medizinischen Informationen zu den Antworten auf die Fragen bezüglich Laufband und sportliche Leistung: Informationen von Dozenten der A K A, vorwiegend Prof. Dr. Anton Fürst, Dr. Michael Weishaupt, Prof. Dr. Jörg Auer.

Was halten Sie von einer Helmpflicht im Umgang mit Pferden?

In unserer Akademie besteht Helmpflicht, wann immer man sich in der Nähe eines Pferdes befindet. Der Reitsport und der Umgang mit Pferden überhaupt sind gefährlich. Aufgrund internationaler Daten muss angenommen werden, dass sich zwischen zwanzig und fünfundzwanzig Prozent aller tödlichen Sportunfälle beim Reiten ereignen (Heitkamp et al., 1998).

Es gibt Quellen, die Reiten und den Umgang mit Pferden neben Motorradfahren und Autorennen für eine der gefährlichsten Sportarten überhaupt halten. Sieht man sich die Berichte der Humanmedizin etwas genauer an, geschahen zwei Drittel dieser tödlichen Unfälle bei einem Sturz von oder mit dem Pferd, immerhin ein Drittel ereignete sich bei der Arbeit am Pferd. Wenn Unfälle mit Pferden passieren, sind diese meist schwerwiegend.

Wir tragen auch am Boden Helme und sogar beim Füttern oder bei der üblichen Stallarbeit. Wir haben in der Akademie, obwohl hier viele Menschen täglich mit vielen Pferden arbeiten, und das vor allem mit als problematisch geltenden Tieren, eine sehr geringe Unfallquote.

Es ist meine feste Überzeugung, dass die Unfallquoten massiv zurückgingen, wenn die Menschen »Equus«

erlernen und aufhören würden, anzunehmen, Pferde würden reagieren, denken und handeln wie wir Menschen.

Viele bezeichnen die Handlungen eines Pferdes als unberechenbar. Wenn ich vom menschlichen Reaktionsvermögen ausgehe, mag das richtig sein. Gelernt werden müssen das Lesen der Vorsignale und die Kombination einzelner Gesten. Pferde deuten eine Schlaghandlung beispielsweise immer durch Vorsignale an. Solche Zeichen sind in der Regel lesbar, und damit ist das Verletzungsrisiko stark minimierbar.

Die Kraft eines Hufschlags mit dem Hintergliedmaß eines Pferdes entspricht etwa dem Gewicht einer Tonne. Es ist meines Erachtens die Pflicht der bildenden Institutionen, das Lesen der Gesten von Pferden in die Lehrinhalte zu integrieren. Das Schlagen mit den Gliedmaßen dient der Verteidigung, dem Abbau von Aggressionen, der Erstellung einer Hierarchie und vielen weiteren sozialen Abläufen im Pferdealltag. Die daraus entstehenden Verletzungen mit ihren Folgen sind meist unbeabsichtigt, aber deswegen nicht weniger gravierend. Zur Vermeidung von Unfällen sind das Verständnis für die Natur des Pferdes, die artgerechte Haltung und ein für das Pferd physisch und emotional tragbares Umfeld unabdingbare Voraussetzungen.

Viele Unfälle, die ich in der Praxis beobachte, wären vermeidbar. Sie geschehen mit dem Herdentier Pferd aufgrund von Fehlern des Menschen. Das Pferd ist ein Fluchttier und reagiert unberechenbar auf ungewohnte Situationen. Schnelle, plötzliche Bewegungen von Menschen oder Gegenständen beziehungsweise unerwarteter Lärm können das zuverlässigste Pferd erschrecken und zu angstvollen Abwehrreaktionen wie zum Beispiel dem Ausschlagen führen.

Es ist meine feste Überzeugung, dass wir mit den ersten Absolventen der Akademie, die für ein entsprechendes Umfeld in der Ausbildung von Menschen und Pferden sorgen werden, die hohen Verletzungsraten langfristig senken werden. Bei Pferdesportunfällen mit Kindern entfallen auf den Bereich Reiten 69,2 und auf den Umgang mit dem Pferd immerhin 30,8 Prozent der Unfälle. Davon hatten 11,8 Prozent mit dem Ausschlagen des Pferdes zu tun.

In Kinderreitschulen sollte psychologisch und pädagogisch geschultes Personal sein, das auch das Kommunikationssystem des Tieres studiert hat, um Kindern die Gesten und die Sprache des Pferdes zu vermitteln. Die meisten Schlagverletzungen sind vorhersehbar, lesbar und damit auch vermeidbar.[17]

---

[17] Siehe: T. Grandin, »Safe handling of large animals«. In: *Occupational Medicine: state of the art, Reviews*, Bd. 14. Nr. 2, April–Juni 1999; H.-C. Heitkamp/T. Horstmann/D. Hillgeris, »Reitverletzungen und Verletzungen beim Umgang mit Pferden bei erfahrenen Reitern«. In: *Der Unfallchirurg*, Bd. 101, Nr. 2, Februar 1998, S. 122–128; T. C. Kriss/V. M. Kriss, »Equine-related neurosurgical trauma: a prospective series of 30 patients«. In: *Journal of Trauma-Injury Infection and Critical Care*, 43, 1997, S. 97 ff.; G. Giebel/K. Braun/W. Mittelmeier, »Pferdesportunfälle bei Kindern«. In: *Der Chirurg*, 64, 1993, S. 938–947.

Welcher Fehler wird im Umgang mit Pferden am häufigsten gemacht?

Sicherlich ist einer der häufigsten Fehler, die Gesten des Pferdes und ihre Natur beim Training nicht zu berücksichtigen.

Leider wird in der gängigen Praxis häufig nach menschlichen Maßstäben verfahren und die Natur des Pferdes aus menschlicher Sicht interpretiert. Das sorgt für zahlreiche Missverständnisse und Fehlinterpretationen. Das Vermenschlichen von Tieren, der sogenannte Anthropomorphismus, ist sicher eines der größten Probleme bei unserer Arbeit, das wir bewältigen müssen.

Grundsätzlich verfügen wir über eine raubtierähnliche Natur und Anatomie. Pferde hingegen haben Ausdrucksformen eines pflanzenfressenden Beutetiers. Das sind gravierende Unterschiede. Außerdem macht es uns unsere Sprache nicht leicht, unsere Ebene zu verlassen und auf die des Pferdes einzugehen.

Da wir Menschen über Sprache verfügen, sind wir imstande, über abstrakte Dinge zu reden. Unsere Entscheidungen sind also nicht ausschließlich durch äußere Reize beeinflusst. Unser freier Wille ermöglicht es uns, zu planen und uns Ziele zu setzen. Bei den Reaktionen des Pferdes kann es auch zu Verknüpfungen einer gerade erlebten Situation mit Erlebnissen aus der Vergangenheit kommen. Doch auch hier geht es – etwa bei einem durch Angst bedingten Verhalten – um bereits bekannte äußere Reize, die eine bestimmte Reaktion hervorrufen.

Wird ein Pferd beispielsweise immer von demselben Menschen um die gleiche Zeit mit denselben Pferden nach festen Mustern auf die Weide gebracht, so kann es geschehen, dass das Pferd beim Anblick des Menschen in der Stallgasse, oder wenn die Tür sich öffnet, leise wiehert. Auf den optischen Reiz, nämlich den Anblick des Menschen, reagiert das Pferd, das instinktbedingt zu seiner Herde auf die Weide will, durch ein konditioniertes Verhalten: Der Mensch kommt, wir gehen raus. Es ist jedoch nicht in der Lage, strategisch zu denken, etwa: Wenn ich nun schon eine Stunde vorher wiehere, komme ich noch schneller auf die Weide.

Ein Mensch kann sich die Frage stellen, warum er gestern darüber nachgedacht hat, wie das Pferd möglicherweise über ihn denkt. Wir Menschen sind also in der Lage, von einer konkreten Ebene auf eine abstrakte Ebene überzuwechseln. Da Pferde nicht über diese Fähigkeiten verfügen, müssen wir im Umgang mit ihnen eine andere Ebene betreten, unsere strategischen Fähigkeiten in den Hintergrund stellen und uns auf die Erfahrungswelt der Pferde einlassen, auch wenn sie nicht unserer Natur entspricht.

Was halten Sie von der traditionellen Arbeit mit Pferden?

Ich stehe ihr in Teilen eher kritisch gegenüber. Dazu ein Beispiel aus einer ganz bestimmten Tradition:

Vor nicht allzu langer Zeit präsentierten mir stolze Gauchos in der Provinz Córdoba in Argentinien ihre Reitkunst, als sie hörten, ich sei die Pferdeflüsterin. Das rohe Pferd, das eingeritten werden sollte, wurde an einen Pfahl gebunden. Lautes Geschrei, stolzes Gehabe, Stolz auf die Tradition lagen in der Luft. Lederriemen überall, vor allem im Maul des Pferdes, ein junger Mann schwang sich barfuß auf das Pferd, und er peitschte es so lange aus, bis es sich am Mast stranguliert hatte. Das Pferd starb an Ort und Stelle. Außer mir verfiel niemand in Trauer. Das passiert. Das widerspenstige Pferd war besiegt. Nur die besten Pferde kommen durch, so die weitverbreitete Meinung, die ich nicht teile. Vermutlich hätte man das Pferd zwar lieber eingeritten, aber unabhängig vom Ergebnis feierten die Gauchos ein Fest.

Der Gaucho ist der »Mann zu Pferde«. Der Gaucho war immer ein Kämpfer und Krieger zu Pferde. Ich schrieb mir auf, was jemand zu mir sagte: »Unsere Rasse besteht aus vergossenem Blut und unbesiegter Erde.« Das ist ihre Tradition. Sie sind ein stolzes Volk. Die Krieger haben in vielen Kämpfen gefochten. Ihre Geschichte erzählt von den Heldentaten, aber auch von den übermäßigen Grausamkeiten dieser rauen Zeit und vom Kampf ums Überleben. Aus diesen Geschichten und der gelebten Historie entsteht Tradition.

Auf den fast vier Millionen Quadratkilometern des argentinischen Staatsgebietes arbeiten bei einer Bevölkerung von insgesamt vierunddreißig Millionen über hundertfünfzigtausend Gauchos täglich in der Pflege eines Viehbestandes von ungefähr fünfundfünfzig Millionen Schafen und zwei Millionen Pferden. Diese »Männer zu Pferde« bewahren die Geschicklichkeiten und Tugenden ihrer Vorfahren. Zur Erhaltung der Tradition sind mehr als tausend Gaucho-Vereine in der Confederación Gaucha Argentina zusammengefasst. Tradition sollte nicht lähmen, sondern offenbleiben für Weiterentwicklung.

Das gilt auch für die Vertreter der deutschen Tradition.

Was halten Sie von Menschen, die gegenüber Pferden Gewalt anwenden?

Bei dieser Frage blicke ich oft zurück auf die Tage, in denen auch ich beim Training von Pferden in der Versuchung war, Gewalt anzuwenden. Damals war auch ich in manchen Situationen ratlos und brauchte alle meine Selbstbeherrschung, um Pferden nicht wehzutun. Dabei war ich der Meinung, alles Notwendige über Pferde zu wissen. Doch das war eine Illusion.

Ich spürte immerhin einen inneren Widerstreit zwischen Kopf und Herz. Mein Kopf sagte mir, das Tier sei ungehorsam und verlange Züchtigung, so wie man es mir beigebracht hatte. Mein Herz aber sagte mir, dass es eine Barriere gibt, die wir nicht zu durchbrechen vermögen, eine Hürde der Kommunikation. Ich spürte bei all meiner Ratlosigkeit immer die Großherzigkeit und Gutmütigkeit der Pferde, doch mein Kopf sagte mir, dass der Mensch entscheiden darf, was er seinem Gegenüber antut. So stand ich in einem echten Konflikt.

Weil ich mich daran so genau erinnere, begegne ich Menschen, die Gewalt anwenden, nicht grundsätzlich negativ. Ich versuche immer wieder, die Beweggründe für die ausgeübte Gewalt zu erkennen, und höre zu, wenn Leute darüber reden und sich rechtfertigen. Teilweise lässt sie mangelndes Einfühlungsvermögen rau und gewaltsam mit anderen Lebewesen umgehen. Anderen wieder fehlt die Selbstkontrolle, sie verlieren die Geduld und fühlen sich anschließend selbst schlecht, weil ihnen das Geschehene hinterher leidtut. Und dann gibt es solche, die ihr Verhalten absolut richtig finden. Sie sind stolz auf ihre Leistung. Sie haben es so gelernt. Von ihrem Vater, vielleicht sogar vom Großvater. Sie tun das, was sie tun, mit dem Bewusstsein, recht zu haben. Sie wirken oft streng, sind aber nicht selten sanftmütige, weitherzige Menschen, die aufrichtig daran glauben, dass ihr Tun richtig und wichtig ist.

Wie kann man ihnen vermitteln, was richtig und was falsch ist? Wie kann man es definieren? In diesem Zusammenhang versuche ich immer wieder, auf die von Gandhi entwickelten Grundsätze der Gewaltlosigkeit hinzuweisen, die er »Satyagraha« genannt hat. Gewaltlosigkeit ist für mich das wichtigste Prinzip, und ich bemühe mich immer aufs Neue, mein Denken und Handeln von ihr bestimmen zu lassen. Dies geschieht aus ethischen Gründen.

Es gibt aber noch ein weiteres Argument: Studien der Hirnforschung und Pädagogik. Ich wünsche mir, dass künftig alle auf dieses Prinzip setzen. Dies geht nicht von einem Tag auf den anderen, aber durch mehr Wissen über die Natur der Pferde, durch Erziehung und Bildung und entsprechende Praxis kann in Zukunft auf Gewalt immer mehr verzichtet werden.

Bis dahin liegt jedoch noch ein weiter Weg vor

uns. Pferde, aber auch Menschen, die reiten lernen wollen, sehen sich oft aggressiven Trainern und Reitlehrern gegenüber oder verfügen selbst über ein hohes Aggressionspotenzial. Menschen, die Pferde, Menschen oder andere Lebewesen schlagen, anschreien oder auf andere Weise unterdrücken, mangelt es oft an Zuneigung, Selbstbeherrschung, Bildung und Erziehung. Nur inkompetente Menschen nehmen Zuflucht zur Gewalt.

Ich will dazu beitragen, dass in der Pferdewirtschaft in Zukunft mehr kultivierte, solide ausgebildete Fachleute arbeiten. Ich glaube kaum, dass sich ein geistig gesunder Mensch auf dem Weg zum Stall darauf freut, sein Pferd mit einer Peitsche zu verprügeln oder es mit den Sporen blutig zu stechen, doch hinter den Kulissen der Pferdezucht und des Pferdesports ist dies leider oft genug zu beobachten. Nach wie vor sagen Erwachsene Kindern, dass sie ihren besten Freund mit der Peitsche schlagen sollen, wenn er sich im Reitunterricht nicht wunschgemäß verhält.

Ich bin der festen Überzeugung, dass es im Umgang mit Pferden pädagogische Alternativen gibt, die weitaus sinnvoller sind als Gewaltanwendung. Ich möchte niemanden, der nach den gängigen Unterdrückungsmustern vorgeht, gleich verurteilen. Schließlich hat er es nicht besser gelernt. Ich möchte aber, dass diese Menschen erkennen, was sie da tun, und ihnen einen Weg aufzeigen, wie sie auf Gewalt verzichten können.

Der Satz »Wenn du nicht machst, was ich sage, tue ich dir weh!« darf nicht mehr gelten.

Oberster Grundsatz aller, die mit Pferden arbeiten, sollte stets der Respekt vor Pferden und vor den Leistungen sein, die diese über die Jahrhunderte für den Menschen erbracht haben.

Hat die Rangfolge eines Pferdes im Herdenverband Einfluss darauf, wie sich das Pferd gegenüber Menschen gibt? Pferde schlagen sich doch gegenseitig – kann da der Mensch nicht auch »mal draufhauen«?

Die Rangposition eines Pferdes hat durchaus Einfluss auf unseren Umgang mit ihm. Ein Pferd, das einen hohen Rang im Herdenverband bekleidet, weiß um seine Kompetenz und bedarf einer noch kompetenteren Hand, damit es jemanden als Anführer respektieren kann. Man erhält nicht durch Reichtum oder Einfluss eine Führungsposition im Herdenverband, sondern allein dadurch, dass man Richtung und Geschwindigkeit bestimmt und der Herde Schutz und Sicherheit gibt.

Die Rangposition eines Pferdes im Herdenverband beruht vermutlich auf dem komplexen Zusammenspiel vieler verschiedener Faktoren. Dabei spielen wohl auch Temperament, Selbstbewusstsein und das allgemeine Auftreten eine Rolle. Das ist meine feste Überzeugung, aber diese Faktoren sind derzeit wissenschaftlich noch nicht nachgewiesen.

Als Hauptgrund für die Übernahme der Rangposition gelten bisher das Bestimmen von Richtung und Geschwindigkeit und der Ausdruck der Körpersprache. Pferde akzeptieren ihr Gegenüber für das, was es kann und was es in seiner Körpersprache ausdrückt.

Ein Pferd, das erschrickt, zögert, vor einem Angreifer wegläuft und sich hinter der Herde versteckt, ist meist rangniedriger als andere Tiere, welche die Herde bewegen und kontrollieren können. Veränderungen in der Rangfolge im festen Herdenverband finden in der Regel ohne starke Unruhe, Unsicherheit oder Rangkämpfe statt.

Ein Pferd, das einen hohen Rang bekleidet, im Herdenverband lebt und die Kompetenz besitzt, eine Herde sicher zu führen, wird sich dem Menschen nicht leicht unterordnen. Ein solches Pferd fordert von uns eine sichere Hand. Damit ist nicht gemeint, dass es sich unterdrücken lässt. Unterdrückung sorgt lediglich für Unsicherheit, und Unsicherheit lässt den Adrenalinspiegel steigen und die Lernfähigkeit sinken. Nur eine kompetente Kommunikation mit dem Pferd kann dazu führen, dass es die Führungsrolle abgibt. Nur wenn sein Gegenüber Kompetenz zeigt, kann das Pferd sich unterordnen.

Häufig berichten mir Pferdefachleute, dass Pferde sich in der Herde attackieren, daher müsse ein Schlag durch den Menschen auch erlaubt sein, zumal er für Ruhe und Ordnung sorge. Dabei muss man Folgendes berücksichtigen: Wenn Pferde in einem natürlichen Herdenverband ohne Einfluss des Menschen gehalten werden, wenn also die Herdengröße gleich bleibt, keine Rangkämpfe durch nicht verfügbare Fress- oder Ruheplätze entstehen und auch ausreichend Rückzugsmöglichkeit für rangniedrigere Tiere besteht, wenn es also genug Platz gibt für ein ruhiges und verletzungsfreies Zusammenleben aller Tiere ohne künstlich gesteuerten Einfluss von außen, lebt eine Herde unter annähernd natürlichen Bedingungen. In diesem Fall kommt es kaum zu kämpferischem Verhalten, und die Pferde leben friedlich wie in der Natur. Sie verfolgen das Ziel, ihr Überleben und ihre Fortpflanzung zu sichern, und haben kein Interesse daran, gegeneinander zu kämpfen oder ihre Herde zu schwächen, denn als Einzeltiere fallen sie Raubtieren viel leichter zum Opfer, und halten sich an das Prinzip »Stärke durch Anzahl«.

John Maynard Smith, Professor für Biologie an der Universität von Sussex, beschrieb 1978 in einem Artikel für *Scientific American* die Regeln für das Duell innerhalb einer Art:

»Bei Auseinandersetzungen, gleich ob es sich um den Geschlechtspartner, ein Revier oder die Rangordnung handelt, setzten Tiere ihre verfügbaren Waffen nicht immer in der wirkungsvollsten Weise ein. Sie halten sich stattdessen an bestimmte Konventionen, indem sie beispielsweise nur Droh- und Imponiergehabe zeigen oder einen Angriff unterlassen, wenn sich der Gegner in einer ungeschützten Position befindet. Dabei wird oft eine Art begrenzter Kriegführung angewandt, die ernste Verletzungen vermeidet.«

Auch Pferde setzen ihre Waffen nicht in der wirkungsvollsten Weise ein. Obgleich sie stark genug wären, den vermeintlichen Gegner mit einem gezielten Schlag in eine verletzliche Zone sofort zu töten, ist noch nie bei einer frei lebenden Herde beobachtet worden, dass ein Pferd einen Artgenossen aus dem Hinterhalt verletzt oder getötet hätte.

Dennoch lässt sich aus diesem Beispiel nicht schließen, es gäbe bei intraspezifischen Auseinandersetzungen keine verwundeten Tiere oder Tiere im Allgemeinen kämpften nicht miteinander bis zum Tod. Trotzdem erweist sich ein ritualisiertes Kampfverhalten als die Regel. Daraus die Rechtfertigung abzuleiten, man könne ein Pferd schlagen, weil Pferde auch untereinander kämpften, halte ich für nicht gerechtfertigt.

Das größte Problem in der allgemeinen Pferdehaltung ist, dass in der Praxis der Tierbestand häufig Änderungen unterworfen ist. Neue Herdenmitglieder bringen meist Unruhe in die Gruppe, da Kompetenz und Rangfolge nicht geklärt sind. Das ist ein unnatürlicher Prozess. In der Natur kommt dies nicht vor. Herdenmitglieder kommen und gehen nicht und mischen sich auch nicht willkürlich untereinander. Daher kommen in Freiheit lebende Tiere nahezu konfliktlos miteinander aus.

In der Pferdehaltung achtet kaum jemand darauf, ob eine gemischtgeschlechtliche Herde unter natürlichen Bedingungen lebt. Pferde sind saisonalen und zyklischen sexuellen Aktivitäten unterworfen, aber selten wird auf den Unterschied zwischen erwachsenen und jungen Tieren geachtet und dafür gesorgt, Auseinandersetzungen im Rahmen von künstlich geschaffenen Rangordnungskämpfen zu vermeiden.

In der Natur hat der Wechsel von Rangpositionen wenig Einfluss auf die Atmosphäre im festen Herdenverband, blutige Auseinandersetzungen gibt es fast gar nicht. Wenn Pferde unterschiedlicher Nutzung gemeinsam über einen längeren Zeitraum in einer konstanten Gruppe gehalten werden, sind keine hohen Verletzungsrisiken zu erwarten, sofern man sie artgerecht und tierschutzkonform behandelt.

Fest steht, dass rangniedrigere Pferde umgänglicher sind als ranghohe. Der Reiter oder Ausbilder sichert den Erfolg dadurch, dass er kompetent die Rolle des Anführers übernimmt. Am besten gelingt dies durch Benutzung der Körpersprache, da diese für das Pferd am leichtesten verständlich ist. Es ordnet sich umgehend unter, sobald ein anderer fähig ist, die Führungsrolle zu übernehmen.

Pferde haben einen großen Vorteil gegenüber uns Menschen. Ihr Ego spielt in solchen Prozessen keine Rolle. Die Anführerrolle an einen Menschen zu übergeben bringt ja durchaus Vorteile. Das eigene Dasein ist gesichert, und fortan gilt die Aufmerksamkeit weiter dem Überleben und Fortpflanzen. Von diesem Phänomen träumt so mancher Mensch. Wenn uns unser Ego nicht so sehr im Weg stünde, könnten wir im gegebenen Fall unsere Rolle mühelos an einen kompetenteren Außenstehenden übergeben und weitaus zufriedener leben. An diesem Punkt können wir sicher etwas von den Pferden lernen.

Wo beginnt für Sie Gewalt?

Jeder Mensch definiert diesen Begriff für sich anders. Auch in der Literatur finden wir keine einheitliche Definition von Gewalt. Sie hat zu viele Gesichter. Manche vertreten die Meinung, alle Arten von Beschränkungen, welche die Menschen daran hindern, sich zu entfalten, seien Gewalt. Der norwegische Soziologe Johan Galtung hat den Begriff der strukturellen Gewalt geprägt, eine Form der Gewalt, die vor allem durch die sozialen Strukturen ausgeübt wird, nicht direkt von knüppelschwingenden Polizisten oder bewaffneten Soldaten. Manche Sozialwissenschaftler betrachten bereits eine Beschuldigung oder Beschimpfung als Gewalt.

Ich persönlich unterscheide zwischen körperlicher und seelischer Gewalt. Wenn man einem anderen Lebewesen unter Androhung oder Zufügung eines körperlichen Schadens seinen Willen aufzwingt, handelt es sich um körperliche Gewalt. Die seelische Gewalt ist weit schwerer zu definieren, da hierbei viele unsichtbare Faktoren eine Rolle spielen. Unter psychischer Gewalt verstehe ich all das, was beim aggressiven Umgang mit dem Opfer seelische Schäden verursacht.

Im Umgang mit Pferden bedeutet das für mich: Niemand hat das Recht, einem Lebewesen mit Anwendung von Gewalt zu drohen und es zu zwingen, das zu

tun, was man ihm vorschreibt. Das ist für mich Gewalttätigkeit, die ich ablehne.

Viele Reiter sagen, dass die Peitsche
und Sporen nur ein Signal seien und man
damit dem Pferd kein Leid zufüge.
Was halten Sie von dieser Aussage?

Peitsche und Sporen fügen den Pferden Schmerzen zu.
Diese Werkzeuge stammen aus einer Generation, für die
Bestrafen ein sinnvolles Mittel im Umgang mit Pferden
ist. Hier ein Zitat zur Illustration:[18]

»Zum strafenden Gebrauch der Gerte eignet sich
mehr die Stellung mit gehobener Spitze, da aus ihr der
sogenannte Jagdhieb am bequemsten ausgeführt wird,
wobei man nachdrücklicherweise die Rute von rechts
nach links um den Leib des Pferdes schwingt. Zuvor
muss die Hand bis zur Höhe des Gesichtes gehoben,
dann der Arm rechts zur Seite gestreckt und darauf
der Hieb aus dem Schulter- und Handgelenk kräftig
und flink ausgeführt werden … Die große Bahnpeitsche
ist uns ebenfalls noch nötig, jedoch in der Haupt-
sache nur bei der Bearbeitung des ganz rohen Pferdes
an der Longe, bei sehr phlegmatischen Pferden oder
zur Korrektur böser und sehr eigensinniger Pferde, die
sich den Strafen des Reiters nicht unterwerfen wollen …
Die Bahnpeitsche ist daher für uns mehr ein Strafinstrument als ein Werkzeug zur Hilfegebung.«

[18] Gustav Steinbrecht, *Das Gymnasium des Pferdes*, Brunsbek 2001.

Die alten Schlagwerkzeuge lassen sich nicht schön-reden. Lesen Sie Folgendes:

»Der Spornstoß ist die stärkste und nachdrücklichste Wirkung mit dem Sporn. Er verursacht dem Pferde augenblicklichen heftigen Schmerz und erregt außerdem durch die Verletzung der Haut Entzündung und Anschwellung der getroffenen Teile, wodurch die Empfindlichkeit derselben auf längere Zeit gesteigert wird. Ich spreche natürlich von einem Sporn, der diesen Namen wirklich verdient und mit einem fünf- bis sechszackigen starken Rade versehen ist. Räder mit vielen feinen und zu spitzen Zacken taugen nichts, da sie verletzen, ohne Blutung zu erzeugen, und deshalb leicht ödematöse Geschwülste veranlassen. – Phlegmatische Pferde und solche, die mit ihren Kräften zurückhalten, werden durch den Spornstoß zur Tätigkeit angetrieben, außerdem aber jeder Eigensinn, Widersetzlichkeit und Bosheit damit bestraft … Der Spornstich ist keine Strafe, sondern eine Hilfe …«

Wenn man dann einmal die Anleitung der Peitschen durchliest, so findet man genaue Instruktionen, die in veränderter Form auch heute noch in der Unterrichtsliteratur zu finden sind.

»Auch uns ist dieses Instrument unentbehrlich, denn der Schüler, solange er keinen sicheren und richtigen Gebrauch von den Sporen zu machen weiß, bedarf derselben, um träge Pferde aufzumuntern, und der Bereiter muss sich mit seiner Hilfe beim rohen Pferde nach und nach Respekt und Gehorsam für den Sporn verschaffen. Der Sporn erzeugt einen stechenden Schmerz, der junge Pferde oft veranlasst, darauf stillzustehen, danach zu schlagen oder sich in anderer Weise dagegen zu wehren. Die Peitsche hingegen als natürliches Strafinstrument flieht jedes Geschöpf, und daher ist sie das alleinige und ausreichende Zepter des Kutschers, des Viehtreibers, ja selbst des Bären- und Tigerbändigers.«

Pferde werden hier mit moralischen Kategorien belegt, die ihnen völlig fremd sind. Dass dies falsch ist, begreifen viele nur mit Mühe. Deshalb werde ich nicht müde zu sagen: Wenn wir die Natur der Pferde nicht verstehen, werden wir ihnen nicht gerecht.

Wenn uns das aber gelingt, brauchen wir keine Bahnpeitschen mehr, um Pferde einzureiten.

Tradition ist langlebig und mag auch ihr Gutes haben. Gewalt gegenüber Pferden aber ist keine gute Tradition. Möchte ich modern und gewaltfrei sein, muss ich mich also von diesem Teil der Tradition verabschieden und neue Methoden zulassen. Es ist nicht mehr notwendig, Pferde mit den alten Waffen zu trainieren. Wir haben heute moderne Methoden, die es uns erlauben, diese Instrumente endlich ins Verdener Pferdemuseum zu verabschieden.

Kann durch Ihre Art des Umgangs mit Pferden Gewalt eingedämmt werden?

Ich habe bereits einige Projekte gegen Gewalt im humanitären Bereich durchgeführt. Besonders die Arbeit mit Kindern kann eine große Wirkung haben. Im Rahmen von Kinderseminaren, die wir in der Akademie anbieten, werden wir häufig von Institutionen angesprochen, die verhaltensauffällige Kinder anmelden möchten. Diese Kinder haben häufig eine hohe Affinität zu Pferden, Mädchen oder Jungen gleichermaßen. Pferde können Kinder in ihrer Welt erreichen. Ich fungiere dabei nur als Übersetzerin. Pferde lehren Gewaltfreiheit, und das entspricht genau der Natur von Kindern. Kinder verhalten sich häufig ähnlich wie Fluchttiere. Sie sind jenen sehr nahe.

Sehr bewegt hat uns ein Junge, der uns von einer Sozialstation ans Herz gelegt worden war. Er galt als absolut unberechenbar und als Gefahr für andere. Da die Kinderseminare »erwachsenenfreie Zonen« sind, konnte der Therapeut, der aus Sicherheitsgründen mitgekommen war, nicht teilnehmen. Wir versprachen, ihn im Notfall anzurufen. Den Jungen hatten wir alle schnell ins Herz geschlossen, und bereits am zweiten Tag blieb der Therapeut im Hotel.

Wir verbringen mit den Kindern auf diesen Seminaren Tag und Nacht gemeinsam, und sie lernen, die

Natur der Pferde zu verstehen und mit ihnen umzuge-
hen. Der Junge war der Star des Seminars. Er verstand
sehr viel von Pferden. Er sagte am Ende, dies seien die
schönsten Tage seines Lebens gewesen. Hier hatte er
eine Welt vorgefunden, wie er sie sich wünschte, hier
durfte er sein, wie er sein wollte. Er hatte in seinem
jungen Leben bereits mehr Gewalt in der Familie erlebt,
als wir es uns vorstellen können. Ihn für ein paar Tage
in die Welt der Pferde zu entführen, gewaltfrei, sozial,
aber trotzdem mit klaren Spielregeln, Verhaltensweisen und viel Liebe, war ein wunderschönes Erlebnis für
uns alle.

In einer Welt, in der sie eigentlich lernen müssten,
dass Gewalt keine Lösung sein kann und jede Kreatur eine artgerechte Lebensweise verdient hat, müssen
Kinder meist schon in der ersten Reitstunde den Umgang mit der Peitsche lernen. Das macht ihnen sehr zu
schaffen. Es kommt mir absurd vor, wenn ich Erwachsene dabei beobachte, wie sie in die kleine Hand eines
sechsjährigen Kindes zwischen Zügel und zarte Finger den Peitschengriff zwängen. Diese kleinen Hände
werden sicher nicht von sich aus zum Schlag ausholen.
Fragend blicken sie auf die Zügel oder ins Gesicht ihrer Mutter. Sie hat oftmals kaum Ahnung von Pferden
und reagiert auf die Erklärung des Reitlehrers – »Das
gehört sich so, das war schon immer so, und das wird
auch immer so bleiben« – mit einem verständnisvollen
Nicken.

So werden Kinder an ein Werkzeug gewöhnt und glauben am Ende, es sei unverzichtbar. Ich weiß noch zu gut, wie nackt und leer sich meine Hand anfühlte, als ich zum ersten Mal im Leben ohne Peitsche ritt.

Jedenfalls sollen dieselben Kinder, die heute in der Schule gewaltfreie Formen des sozialen Miteinanders erlernen, den besten Freund schlagen, wenn er in der Reitschule nicht mehr vorwärtsgehen mag. Kinder haben ein Gespür dafür, dass dies falsch ist. Sie lieben Klarheit und konsequentes Handeln ebenso wie Pferde. Hier schließt sich für mich immer der Kreis.

Mir schicken viele Kinder aus der ganzen Welt ihre Geschichten, die sie in Reitschulen oder im Umgang Erwachsener mit Pferden erlebt haben. Die Briefe sind oft sehr traurig und wirken auf mich wie ein Motor, der mich antreibt.

Nach einer Studie gibt es bei uns über drei Millionen Kinder und Jugendliche, die sich für das Reiten interessieren. Wie viele tatsächlich aktiv reiten, lässt sich nicht genau erheben, doch man rechnet mit etwa einer halben Million. Wie wunderbar wäre es, wenn an dieser Stelle ein Anfang gemacht werden würde, um das Phänomen Gewalt einzudämmen.

In unserer Akademie haben die Studierenden ein Modul zum Thema »Unterricht gestalten« sowie zum Thema »Kinderunterricht«. Ich möchte, dass unsere Absolventen kompetente Reitlehrer werden, die den Kindern im Umgang mit Pferden und damit auch miteinander kommunikative Kompetenz vermitteln. Sie müssen wissen, dass Gewalt kein Mittel der Problemlösung ist. Da darf es keine Ausnahmen geben.

Unsere Reitschulen für Kinder sollen moderne Schulen sein, die Kindern einen gewaltfreien, ihrem Wesen entsprechenden Umgang mit Pferden erlauben.

Wenn wir auf die Entwicklung sozialer Fähigkeiten achten und die Pferde als erfolgreiches gewaltfreies Beispiel für kompetente Kommunikation anerkennen, wird die Gewalttätigkeit im Umgang mit Pferden abnehmen. Kinder sollten lernen, sich mit Konflikten im Gespräch auseinanderzusetzen. Pferde helfen ihnen dabei im stummen Dialog. Die Fähigkeit, Konflikte zu lösen, macht gewalttätigen Umgang mit Pferden überflüssig.

Was kann der Mensch von Pferden lernen?

Am meisten hat mich persönlich die soziale Intelligenz der Pferde und die damit einhergehende absolute Gewaltfreiheit beeindruckt. Durch meinen intensiven Umgang mit ihnen in der richtigen Umgebung, gemeinsam mit anderen Menschen, die sich bemühen, die soziale Intelligenz von Pferden nachzuvollziehen und sich ihr entsprechend zu verhalten, fällt mir der Unterschied zwischen Mensch und Pferd sehr deutlich auf.

Pferde leben in einem Herdenverband nach klaren Richtlinien und in einer klaren Rollenverteilung, die sich aus bestimmten Kompetenzen ergibt. Die Anwesenheit in der Herde ist freiwillig. Kein Hengst und keine Stute würde je versuchen, ein Mitglied zu halten, wenn es nicht den im Herdenverband festgelegten Richtlinien folgt.

Die negative Konsequenz bei Fehlverhalten ist einfach. Wenn die Leittiere das aufsässige Verhalten eines Tieres aus der Herde als Gefahr für den gesamten Verband ansehen, so wird ihm freigestellt, zu bleiben und sich nach den Gesetzmäßigkeiten zu richten oder zu gehen. Tritt das inakzeptable Verhalten erneut auf, so wird der »Störenfried« nicht bedroht oder gar verletzt, er wird schlicht aus dem Herdenverband ausgeschlossen und vertrieben.

An diesem Punkt habe ich viel von den Pferden gelernt. Ich wende dieses Überlebensprinzip auch in meiner Akademie an. Ich habe einen akademischen Verbund gegründet, der meinen Vorstellungen entspricht. Für diesen, wenn Sie so wollen, kleinen »Herdenverband« habe ich Spielregeln aufgestellt. Dazu gehört beispielsweise meine Vorstellung von Ordnung, Pünktlichkeit, Umgang mit anderen und Disziplin. Manch einem Studierenden gefallen diese Regeln nicht. Dem einen ist die Arbeit zu hart, dem anderen ist sie zu wenig, manch einem gefällt meine Ordnung nicht, er möchte lieber alles herumstehen lassen, manch einer will den ganzen Tag Pferde streicheln, der andere will sie lieber unterdrücken und vieles mehr.

Die Regeln, die für die Akademie gelten, tragen meiner Vorstellung nach langfristig Sorge für ihr Überleben. Es handelt sich um Richtlinien, nach denen man leben muss, wenn man hier arbeiten und von mir lernen möchte. Ich weiche von diesen Spielregeln nicht ab, außer bei begründeter Kritik, die immer einen konstruktiven Verbesserungsvorschlag enthalten muss. Es steht allen frei, jederzeit zu gehen. Die Anwesenheit in meiner Akademie ist freiwillig. Niemand wird gezwungen zu bleiben, niemand wird unterdrückt. Ich helfe den Studenten, sich der Verantwortung für andere Lebewesen bewusst zu werden, überlasse ihnen die Verantwortung für das Führen des Stallbetriebes, den ich ihnen für Lernzwecke zur Verfügung stelle. Ich nehme ihnen auch bei Schwierigkeiten untereinander nicht die Verantwortung und verstärke nicht die Kontrolle, um den Lernprozess nicht zu behindern.

Gewinnen die Studierenden das Vertrauen ihrer Kommilitonen und leben und handeln verantwortlich, machen sie einen riesigen Schritt nach vorn, hin zu einer erfolgreichen Beziehung zwischen Pferd und Mensch.

Dieser Weg ist nicht leicht, und manchen fällt es schwer, mit dem eigenen Ich und Sein konfrontiert zu werden. Sie versuchen dann, vor sich selbst zu fliehen. In solchen Situationen nicht wegzulaufen bringt sie weiter und hilft ihnen, ähnliche Situationen zu meistern, sich auf eine Ebene des Vertrauens zu begeben und zu erfahren, was es bedeutet, zu einem erfolgreich geführten und damit sicheren Herdenverband zu gehören.

Die Sprache des Pferdes beruht auf einer freiwilligen Übereinkunft, in der beide Partner Teil des Teams sein möchten. JOIN-UP ist ein fester Satz von Grundprinzipien, den wir im Lauf von vielen Jahren Training von den Pferden übernommen haben. Durch diese Form des Umgangs miteinander nimmt man der Gewalt den Nährboden und vermittelt die Einsicht, dass brutale Konfrontation niemals eine Lösung sein kann.

Es wäre wunderbar, wenn die Menschen von den Pferden lernen könnten, dass eine harmonische Partnerschaft um ein Vielfaches produktiver ist als eine Beziehung oder Verbindung, die auf Gewalt, Einschüchterung oder Unterdrückung beruht.

Dafür ist es wichtig zu begreifen, dass man nicht aufeinander böse sein muss, wenn einer der beiden Partner die Spielregeln des anderen nicht akzeptieren möchte und sich entschließt zu gehen. Ich kann entscheiden, ob mir die Anwesenheit des anderen so viel wert ist, dass ich meine Regeln gemäß konstruktiver Gegenvorschläge modifiziere und anpasse, oder aber, ob ich an ihnen festhalte und den anderen in Liebe und Verständnis gehen lasse.

Wir nennen das Fünfzig-zu-fünfzig-Partnerschaft. Jede der beiden Seiten trägt zum Seelenfrieden der anderen bei und ist darauf angewiesen, Kompromisse einzugehen. Aber dabei gilt es zu beachten, dass dies im Rahmen klar verständlicher Regeln geschehen muss, bei deren Missachtung mit Konsequenzen zu rechnen ist. Zu jeder guten Partnerschaft gehört ein Kompromiss, aber zu viele Kompromisse können ebenso für Konflikte sorgen wie zu wenige.

Konkret bedeutet das: Würde ich mit meinen Studenten darüber diskutieren, ob sie morgens vor Studienbeginn die Boxen zu misten und die Pferde zu versorgen und die Akademie sauber zu halten haben, so würde die Akademie nicht bestehen können. Würde ich von meiner Grundregel abweichen, so würde ich nicht mehr nach modernen Richtlinien unterrichten können.

Spielen wir das Szenario durch: Würde ich Personal einstellen, damit sich die Studenten nicht selbst die

Hände schmutzig machen, ihre Tassen nicht wegräumen müssen und ihnen der Kaffee gebracht wird, würden sie noch unzufriedener werden, der Studiengang würde nicht mehr bezahlbar sein, vor allen Dingen aber würde ich ihnen die Illusion einer Welt vermitteln, mit der sie später in der Pferdewirtschaft niemals würden überleben können.

Die Pferdewirtschaft ist ein sehr hartes Berufsfeld, das viel körperlichen und seelischen Einsatz fordert und bei dem Zeit niemals eine Rolle spielen darf. Wer um siebzehn Uhr geht, weil das Wetter schön ist, und das Leben der Tiere vernachlässigt, wird nicht erfolgreich sein können, hat umsonst studiert. Viele Bewerber und auch Studierende haben die Vorstellung von Ferien auf dem Bauernhof und dem ewigen Glück auf dem Rücken der Pferde. Sie müssen aber lernen, was es bedeutet, bei Eis, Schnee und Regen einen pferdischen Betrieb zu führen, bei Krankheit Nachtdienste zu machen und trotzdem am nächsten Morgen um sieben Uhr wieder die gesunden Pferde zu versorgen.

Eine Studentin bei uns hatte viele Konflikte mit den anderen Studierenden, besonders weil sie immer alles bis zur Erschöpfung selbst erledigen wollte, da es ihr die anderen nie recht machen konnten. Als wir darüber sprachen, sagte sie zu mir, sie wolle sich mit dieser Problematik nicht länger auseinandersetzen, da sie später ja sowieso Personal hätte.

Dazu ist Folgendes zu sagen: Die Vorstellung, mit

Personal sei alles bestens geregelt, ist eine Illusion. Personal kann krank werden, zu spät kommen, schlechter Laune sein, genau wie der Kommilitone oder Mitmenschen. Nur wenn ich persönlich in der Lage bin, Vertrauen im anderen zu erwecken, egal, wie der andere heißt, ob er zum Personal gehört, ein Kommilitone, ein Freund oder eine Freundin ist, und verantwortungsgemäß zu leben, bin ich auch in der Lage, den Kreis zu schließen, der für eine beispielhafte Kommunikation notwendig ist.

Monty sagte einmal zu mir: »*Andrea, you need to tell them, that this work is not only pretty.*« Wir alle sind »Personal«. Jeder Einzelne der Mitstudierenden ist Personal, wir alle haben ein Abhängigkeitsverhältnis zu irgendwem, sei es zu dem Pferd, mit dem ich kooperieren muss, sei es zu meinem Kunden oder zu meiner eigenen Seele.

Eine Welt voller Personal, das mir die Wünsche von den Augen abliest und alle unangenehmen Tätigkeiten übernimmt, ist eine Illusion. Personal, das immer in meinem Sinne handelt, mich liebt und sich zu jeder Zeit bestens mit mir versteht, gibt es nicht.

Ich zwinge niemanden, an der Akademie zu bleiben, der unsere Regeln nicht anerkennen will. Monty sagte eines Tages zu einer Studentin:

»*You know, if these other students are your problem and you run away now, I tell you, the people only change their names and faces. But they are still human beings. I hope, you will send me a*

*letter in ten years and let me know, how often you ran away
and because of which people. Just send me the names.*«

Im Anschluss fragte er mich, wie viele es meiner Meinung nach schätzungsweise wären? Und dann haben wir eine kleine Wette abgeschlossen. Das Ergebnis bleibt unser Geheimnis. Es steht jedem, wie gesagt, jederzeit frei, den Campus zu verlassen und einen anderen Beruf zu erlernen, der körperlich weniger anstrengend ist.

In einem Herdenverband von Pferden würde eine solche Diskussion gar nicht aufkommen. Es gibt Spielregeln, über die kann man sich vor dem Anschluss an den Herdenverband informieren. Passt dies nicht ins eigene Überlebenskonzept, so geht man ohne Groll und sucht nach anderen Lebensformen und Verbänden, die besser zu einem passen.

So machen es die Pferde, und damit geben sie uns ein nachahmenswertes Beispiel, denn sie verstehen eine Menge von sozialen Strukturen.

DIE ANDREA KUTSCH AKADEMIE (AKA)

**Wie haben Sie es geschafft, Ihren Traum
von der Akademie zu verwirklichen, und wie
weit sind Sie bis heute gekommen?**

Die Entstehung der Akademie machte mir oftmals Sorgen. Manchmal war ich beunruhigt und nervös, denn ich hatte das Gefühl, dass zwischen meinen Ansprüchen und der Wirklichkeit Welten lagen und zu viele Hindernisse zu bewältigen waren.

Ich erkämpfte mir diesen Traum erbittert und zugleich auch sanft. Das erinnerte mich oft an die Arbeit mit einem wilden Mustang, mit dem ich früher in den USA gearbeitet habe und der sich nicht anfassen ließ. Wenn es nicht sein sollte, werde ich ihn in Ruhe lassen, habe ich mir dabei immer wieder gesagt. Soll es aber sein, so wird er sich in meine Hände begeben.

Ich habe von seinem Widerstand und seiner Skepsis gelernt und er von mir. So wie jeder Widerstand des Pferdes mich belehrt, belehrte mich auch jeder Widerstand der altmodischen Pferdeleute gegen die Akademie. Mancher Widerstand beflügelte mich sogar, mancher brachte mich tagelang zum Nachdenken und Überdenken, und so entwickelte ich mein Konzept.

Freunde haben mich ermutigt und mir gesagt, ich solle mit dem Aufbau der Akademie genauso verfahren wie bei einem Pferd:

»Stück für Stück, Sprung für Sprung. Räum die Hindernisse bedacht und sorgfältig aus dem Weg, bau dir deine Akademie nach bestem Wissen auf, und fang einfach an. Viele Probleme werden sich von selbst lösen.«

Meine Freunde hatten recht, die Probleme lösten sich tatsächlich. Auf einmal stand mir deutlich vor Augen, was geschehen musste und was zu tun war. Wenn der Weg klar ist, kann das Herz folgen.

Ich glaube, mein Wunsch, die Welt der Pferde und Menschen zu verändern, war so stark, dass ich auch die Kraft hatte, ihn zu verwirklichen. Ich habe nie an der Richtigkeit meines Vorhabens gezweifelt und bin meinen Weg gegangen wie ein Sänger, der, während er singt, nicht darüber nachdenkt, ob das Singen nützlich ist, sondern einfach singt.

Dabei habe ich das Wichtigste immer im Auge behalten: dass ich den Pferden als Lebewesen gerecht werden will und dabei den richtigen Ton treffen, den eigenen Fingergriff finden muss.

Auch jetzt, wo die Akademie schon ihren Lehrbetrieb aufgenommen hat, bin ich immer wieder auf der Suche nach dem richtigen Ton. Man kann immer dazulernen.

Oftmals denken Menschen, die mir begegnen, dass ich inzwischen ans Ziel gelangt bin und meinen Erfolg genießen kann. Dem ist nicht so. Bis die von uns ausgebildeten Studenten die Welt verändern werden, ist es noch ein weiter Weg.

Mir macht meine Arbeit unendlich viel Freude, und

ich erfahre dafür Lob. Doch manchmal kehre ich nach der Arbeit in den leeren Hörsaal zurück, setze mich hin, schaue in die Reithalle durch die moderne Glasfassade und frage mich, was an der Verwirklichung meiner Vision noch fehlt. Und dann fühle ich mich zuweilen so leer wie die Reithalle, der Hörsaal, betrübt über alles, was noch nicht gelungen ist. Unser Weg ist lang, und bei vielem muss man immer wieder von vorn beginnen. Mit jedem Pferd, das Gewalt erfahren hat, bei jedem uneinsichtigen Menschen.

Meine Studenten ermutigen mich. Sie gehen diesen Weg, sie sind selbstkritisch, sie versuchen, Lösungen zu finden und geduldig zu sein. Ich bin froh und dankbar, dass es sie gibt – und ich bin sehr stolz auf sie.

Warum eine eigene Fachhochschule?

Ich habe die Zeit der Emotionen und der Glaubens-
kriege über bestimmte Methoden und Werkzeuge im
Umgang mit Pferden hinter mir gelassen. Wir wollen
eine neue Generation von Pferdeleuten heranziehen. Sie
sollen fachliche Grundlagen erhalten, wissenschaftlich
denken lernen und später eigene Frage- und Problem-
stellungen entwickeln können. Es ist keine Hochschule,
die einem Glauben dient, sondern eine Einrichtung,
die eine Epoche im wissenschaftlichen Umgang mit
Pferden einleitet. Neutral und angemessen für den Umgang zwischen Pferd und Mensch, Mensch und Mensch,
Mensch und Pferd.

> Es heißt häufig, dass Sie mit Ihrer Idee nur
> Kommerz betreiben würden, geschickt
> eine Marke aufgebaut hätten und es Ihnen
> eigentlich gar nicht um die Sache ginge.

In der freien Marktwirtschaft wird gerade bei solchen Äußerungen immer ein seltsamer Widerspruch deutlich: Obwohl die Menschen in der Marktwirtschaft leben und von ihr profitieren, lehnt mehr als die Hälfte der deutschen Bevölkerung Markt und Wettbewerb laut Umfragen ab. Die Marktwirtschaft wird als moralisch anstößig und unsozial empfunden.

In Deutschland glaubt man in Bezug auf die ethischen und moralischen Grundnormen, zwischen den Interessen eines Unternehmens und denen der Menschen unterscheiden zu müssen. Wirtschaftliches Handeln, so empfinden es viele Menschen, sei ein gefährlicher Gigant, dem man Fesseln anlegen müsse, damit er nicht zu viel Unheil anrichten kann, nicht zu viel Einfluss gewinnt, nicht eigenständig zu viel verändern kann. Wer einfallsreich ist und Erfolge vorweisen kann, so glaubt man, handelt mit Sicherheit auf Kosten seines Nächsten. Indem er sich von den anderen abhebt, schadet er der angestrebten Gleichheit aller. Also versucht man, ihm Handfesseln und Hemmschuhe anzulegen, und glaubt, damit auch noch der Moral und Ethik zu genügen.

Sich ausführlich über das Thema, wie dieses Feindbild der Wirtschaft entstanden sein könnte, auszulassen, ist nicht Sinn und Zweck dieses Buches. Sachlich betrachtet ist jedoch der angenommene Unternehmensgewinn, auf den manch ein Mensch, der sich vermutlich noch nicht intensiv mit marktwirtschaftlichen Strukturen beschäftigt hat, mit dem Finger zeigt, alles andere als Selbstzweck. Der Gewinn ist der Gradmesser der Effizienz und spiegelt nichts anderes wider als das Marktbedürfnis der Pferdewirtschaft und der darin arbeitenden und lebenden Menschen.

Der Wunsch nach gewaltfreiem Umgang mit Pferden, Verabschiedung von zum Teil altmodischen und längst überholten Trainingsmethoden, der Wunsch nach intellektueller Auseinandersetzung mit diesen wundervollen Tieren, der Wunsch der Kinder, die ihre Pferde lieben wollen, ohne sie zu schlagen, und der Wunsch, sie zu verstehen und zu ergründen, was sie denken und wie sie fühlen – all diese Wünsche der Gesellschaft waren bereits da und wurden allenfalls durch meine sachliche Information über die Istsituation in den Medien weiter gefördert und konnten sich so noch freier entfalten.

Ich selbst hatte und habe all diese Sehnsüchte. So entstand durch viel Arbeit, Einfallsreichtum und Innovationskraft eine Akademie, die zum Nutzen aller beiträgt. Die Akademie und ihre Absolventen schenken der Gesellschaft eine Lebensqualität, die diese erwartet und nach der sie sich sehnt. Für sie wurden Investitionen in Millionenhöhe getätigt, die sich noch lange nicht amortisiert haben. Überdies wäre das Projekt ohne Unterstützung von außen überhaupt nicht möglich gewesen.

Welche Voraussetzungen muss man erfüllen, um an der Akademie angenommen zu werden?

Man sollte in seinem Leben schon viel mit Pferden zu tun gehabt und ein gutes Gefühl für Pferde haben. Zertifikate von Verbänden oder Ähnliches braucht man nicht. Auf jeden Fall benötigt man Abitur oder mittlere Reife mit nachfolgender abgeschlossener Berufsausbildung. Wer weniger Praxiserfahrung hat, kann sich trotzdem bewerben.

Wir haben ein sogenanntes Internship-Programm. Nach den Vorstellungsgesprächen, der Analyse der jeweiligen reiterlichen Fähigkeiten und der Eignung im Umgang mit Pferden und entsprechend dem persönlichen Reifegrad werden die Kandidaten in unserem Aufnahmeverfahren in das Internship-Programm eingeordnet. Man bleibt dann je nach Einschätzung vier Wochen oder einige Monate in der Akademie und erhält dort alle Grundkenntnisse.

Der Betrieb wird weitgehend von den Interns und Studierenden geführt. Es gibt auf dem Campus über neunzig Pferde, die versorgt, trainiert oder behandelt werden müssen.

Wenn man das Internship-Programm erfolgreich absolviert hat, kann man zum nächstmöglichen Termin mit dem Studium beginnen. Das heißt, wenn man noch nicht so viel Erfahrung besitzt und keine pferdespezifische Grundausbildung erhalten hat, kann man sich im Internship-Programm ein Grundwissen aneignen, das einem den Einstieg ins Studium dann sehr erleichtert.

Wie sind die ersten Monate in der Akademie verlaufen?

Fundament meiner Arbeit im Umgang mit den Pferden ist es, klare Strukturen vorzugeben. Die Sprache des Pferdes als Herdentier ist vorhersehbar und fair. Angst oder Furcht kommen darin nicht vor. Unterdrückung findet keinen Nährboden. Konsequenz ist der wichtigste Wegbegleiter, denn aus dem konsequenten Einhalten festgelegter Spielregeln entstehen Schutz und Sicherheit.

Wir streben mit dem Pferd ein partnerschaftliches Verhältnis an, in dem ich unbestritten durch eine Form kompetenter Kommunikation die Führungsrolle übernehme. Das gleiche System übernehme ich in der pädagogischen Arbeit an der Akademie.

Das größte Problem entstand anfänglich durch die Tatsache, dass die jungen Menschen mit dieser Form von Klarheit, Vorhersehbarkeit, Konsequenz und Disziplin nicht leicht umgehen konnten. Die Studenten beginnen beispielsweise um sieben Uhr morgens mit dem Stalldienst in einem rotierenden System und müssen auch ihre Sachen in der Mensa und im Klassenraum selbst aufräumen. Es gibt klare Richtlinien, an denen sich die Studierenden orientieren können. Ich versuche, eine Routine zu etablieren, die zunächst von außen gesteuert wird und die den Studierenden später in Fleisch und

Blut übergeht, sodass sie ihre Aufgaben freiwillig übernehmen.

Ich erwarte von meinen Studenten die Disziplin, die ich bei Monty Roberts und auch anderen Lehrmeistern gelernt habe. Aber gerade mit der Disziplin hatten die Studenten anfangs ihre Probleme. Auch Autorität anzuerkennen fiel ihnen schwer. Damit hatte ich nicht gerechnet und mich selbst zum Maßstab für das gemacht, was in der Akademie verlangt wurde.

Als wir den Lehrbetrieb aufgenommen hatten, war ich erstaunt, wie wenige der Studenten so etwas wie Selbstdisziplin kannten. Um das Problem zu lösen, begann ich, Freiräume zu schaffen, und wollte sogar dazu übergehen, bestimmte Stalldienste freiwillig ausführen zu lassen. Doch je mehr Freiräume ich gab, desto unzufriedener wurden die Studierenden und umso mehr Unruhe kehrte ein. Sie wurden provokant, sie boykottierten klare Vorgaben und entzogen sich ihren Pflichten. Sie wollten mehr Freiheit, obwohl sie freiwillig ein Studium absolvierten, das ihnen neue Horizonte eröffnen sollte. So gab es endlose Diskussionen zum Beispiel über die Frage, was man vom morgendlichen Misten einer Pferdebox lernen könne. Es wurde sogar der Vorwurf laut, es handle sich dabei um Ausbeutung.

Warum wehren sich diese jungen Menschen bloß gegen eine Disziplin, die ihnen hilft, ihrem Traum von einer Verbesserung der Welt der Pferde näherzukommen?, fragte ich mich. Sie wollen doch die Welt verändern und dafür sorgen, dass eines Tages Gewalt im Umgang mit Pferden verschwindet! Manche Studenten, die ich nun vor mir hatte, waren wenig engagiert und kaum bereit, sich in den »Herdenverband« einzuordnen.

Was sollte ich tun? Ich dachte daran, wie es mir selbst ergangen war. Und da fiel mir ein, dass ich in den Jahren bei Monty Roberts auch selbst in eine Krise geraten war. Eines Tages hatte ich unter Tränen zu Monty gesagt, ich könne nicht mehr und ich würde jetzt aufhören.

Da sagte er zu mir: »*If you run away now, you will always run away.*« Wenn du jetzt wegläufst, dann wirst du immer weglaufen. Ich war beeindruckt von seinen Worten, und so blieb ich. Ich habe unter Tränen die Zähne zusammengebissen, ich habe gehadert, diskutiert, gestritten, hinterfragt, angezweifelt, mich zermürbt und bis zur Erschöpfung weiter an mir gearbeitet. Ich bin nicht weggerannt und habe gelernt, dass man ohne persönlichen Einsatz nicht weiterkommt und dass sich die Mühe für einen selbst lohnt.

Bis heute bin ich Monty für diese liebevolle Führung dankbar.

Ich sagte den Studenten in Erinnerung an dieses Erlebnis, dass ich genau wisse, dass ihr Weg nicht leicht sei, dass auch ich gelitten hätte, dass aber für den richtigen Umgang mit Pferden ein hohes Maß an Selbstbeherrschung unerlässlich sei.

Ganz konkret: Ein Pferd nicht zu schlagen, wenn es

sich mir trotz allen Versuchen, mit ihm gewaltlos um-
zugehen, widersetzt, einen Menschen nicht anzuschrei-
en, obwohl er vor meinen Augen ein Pferd schlägt, seinen Zielen und sich selbst treu zu bleiben, das alles
erfordert ein hohes Maß an Selbstdisziplin. So große
Ziele wie die unseren erreicht man nicht, wenn man
dem Lustprinzip folgt. Wer sich zum Beispiel die Frage
stellt: »Habe ich heute bei eisiger Kälte im Regen
Lust, ein Lebewesen von sechshundert Kilogramm zu
versorgen?«, der hat noch einen langen Weg vor sich.

Allmählich gelang es uns, den Studenten klarzumachen, dass es in der Akademie nicht darum geht, Pferde
zu streicheln, wenn es einem gerade genehm ist, sondern dass wir große Leistungen erbringen müssen, um
in der Welt etwas verändern zu können.

Täglich werde ich mit neuen Fragen konfrontiert,
die mich pädagogisch fordern. Ein ständiges Abwägen
zwischen Strenge, Konsequenz, Autorität, Nachgeben
und Zugeben, ohne den Humor zu verlieren und doch
immer wieder zu meinen Entscheidungen zu stehen. Einige wenige Studenten verließen die Akademie schnell
wieder, teils durch meine Entscheidung, teils durch die
eigene.

Darunter war eine Fünfundzwanzigjährige, die sich
bei ihren Eltern beklagt hatte, sie müsse in der Akademie hart arbeiten und sogar fegen und Boxen misten,
auch in der Mensa müsse man seinen eigenen Teller
abwaschen und wegräumen. Die Eltern verstanden sie.

Sie hatten nicht begriffen, dass Glück nur dann entstehen kann, wenn man auch zu Opfern bereit ist, dass es kaum ein befriedigenderes Gefühl gibt als das Glücksgefühl nach einem durch eigene Leistung erbrachten Erfolg, wie etwa das Gefühl, das einem ein Pferd gibt, wenn es durch die eigene Leistung eine Phobie überwindet und zu einem friedlichen Leben finden kann. Diese Form des Glücks ist von größerer Dauer, von größerer Schönheit als ein passiv erlebtes Glück, es ist das Fundament der Zufriedenheit.

Ich war in den ersten Monaten also vor allem mit pädagogischer Arbeit an den Studenten beschäftigt, bevor ich mich dem Thema Pferd und dem Weitergeben meiner Erfahrungen widmen konnte.

Allmählich begreifen die Studierenden, dass Dienste im Stall ihre Qualität haben. Wer kleine Ziele erfüllt, der kann auch selbst gesteckte große Ziele erreichen und trägt dazu bei, dass die Welt für Pferde und Menschen besser wird als die, die wir vorgefunden haben.

Warum arbeiten Sie wissenschaftlich? Der Umgang
mit Pferden ist doch eigentlich praxisgebunden?

Es war schon immer mein Wunsch, von Menschen umgeben zu sein, welche die Materie, mit der ich mich
seit so vielen Jahren beschäftige, neutral erfassen und
konstruktiv mit mir zusammenarbeiten. An der Universität Zürich habe ich solche Menschen gefunden.
Sie haben wissenschaftliche Ansätze entwickelt, um die
Grundlagen der Welt der Pferde und des Umgangs mit
ihnen zu erforschen. Mit ihnen lassen sich Thesen und
Vermutungen untersuchen und begründen. Hier kann
ich meine Ideen einer wissenschaftlichen Prüfung un-
terziehen und stoße dabei auf gegenseitiges Verständnis und Anerkennung.

Das ist nicht nur von der Sache her wichtig, sondern gibt mir auch eine Menge seelischer Kraft. Ich kann
Themen vorbringen, die mir wichtig sind, und gemeinsam versuchen wir dann, sie sachlich und ohne Ressen-
timents zu erörtern, damit wir die Gedanken für einen
fortschrittlichen Umgang mit Pferden und Menschen
weiterentwickeln können.

Ich empfinde dies als sehr schön und erholsam und
sehe darin echten Fortschritt. Wenn man diese Grundlagen auf die Pferdewelt überträgt, können wir den Umgang mit den Pferden erheblich verbessern.

Was ist das Besondere am wissenschaftlich fundierten Umgang mit Pferden? Was machen Wissenschaftler anders als Reiter, die praktisch mit Pferden
umgehen?

In der Wissenschaft wird über die Sache geredet. In der
Pferdewelt und selbst in vielen Fachmedien hat man
oft das Gefühl, sich mit Religionen auseinandersetzen
zu müssen. Jeder glaubt immer irgendetwas, und viele
Thesen basieren nur auf reinen Vermutungen. Da kommen nicht etwa Fachleute zusammen, erarbeiten konstruktiv eine These, um sie zu beweisen, zu widerlegen
und kritisch zu analysieren und dann die Ergebnisse
festzuhalten und nach ihnen zu leben, bis jemand eine
neue Erkenntnis hat.

Nein, viele glauben irgendetwas, und kaum haben
sie das öffentlich vorgebracht, entwickelt sich eine
neue Richtung, die dann viele kopieren – bis ein neuer
Glaube aufkommt.

Es ist einfach unverständlich, dass so viele Leute
auf einem so instabilen Fundament in der Pferdewirtschaft tätig sind. Dies kann sich nun ändern. Es ist eine
neue Zeit angebrochen, die der gesamten Reiterwelt
helfen wird, ihre Arbeit auf eine professionelle Ebene
zu stellen. Das wird sich auch auf den Markt wohltuend
auswirken.

Und was das Glauben betrifft, man kann ja ruhig

bestimmte und auch unterschiedliche Dinge glauben. Aber ein Lebewesen darf nicht darunter leiden. Deswegen halte ich es für besser, dass alle gemeinsam beginnen, wissenschaftlich zu arbeiten und sich interdisziplinär auszutauschen. Das ist mein größter Wunsch, und ich werde alles tun, damit der »Glaubenskrieg« aufhört und wir zu einer sachlichen Gemeinsamkeit finden, bei der man Meinungsverschiedenheiten in Ruhe austauschen und voneinander lernen kann.

Beispiel: Die einen sagen: »Wir hauen dem Pferd mit dem Besen oder der Peitsche eins auf den Hintern, wenn es nicht in den Anhänger will«. Die anderen sagen: »Man sollte sie nicht schlagen und ihnen keine Angst bereiten, wenn sie auf den Anhänger sollen, weil der Konflikt ansonsten eskalieren und ein Pferd den Anhänger völlig ablehnen kann. Somit steigern sich die Abwehrreaktionen.«

Anstatt sich nun darüber sinnlos zu streiten, sollte man sich an einen Tisch setzen und anhand wissenschaftlicher Studien zu beweisen versuchen, welche Hypothese richtig ist. So könnte man gemeinsam zu Fortschritten kommen und neue Ergebnisse erzielen.

Man könnte etwa zehn Pferde auf die eine Art behandeln, dabei die Zeit messen und ihr Verhalten genau studieren. Dabei würde der eine auf Dialog, der andere auf die Peitsche setzen. Man könnte die Zeit messen, die Abwehrbewegungen und das Angstniveau, das Ganze zehn Tage lang wiederholen, sehen, wie sich die Zeit verkürzt und wie sich die Abwehrmechanismen verändern – nicht als Wettbewerb, sondern um ein Resümee zu ziehen. Am Ende könnte man dann ruhig und sachlich feststellen, welche Methode die bessere und wirksamere ist: der Dialog, das Schlagen oder die Erkenntnis, dass es keine unterschiedliche Wirkung der beiden Methoden gibt – die sogenannte Nullthese. Das Ergebnis muss dann auch Eingang in die Praxis finden, sodass die Menschen, die am Pferd arbeiten, davon profitieren können.

Entsprechend könnte man dann in der Zukunft verfahren und so moderne Konzepte entwickeln, die der Zeit entsprechen – psychologisch und methodisch.

Aus meiner Erfahrung kann ich sagen, dass diese Art von sachlich fundierter Arbeit, die ich mit wissenschaftlichen Mitarbeitern und Partnern betreibe, unheimlich beruhigend für die Nerven ist. Sie nimmt einem jede Unsicherheit und bringt im Ergebnis sehr viel Freude und Erkenntnis.

Bis jetzt hat diese Denk- und Vorgehensweise jedoch noch nicht ausreichend Einzug in die Pferdewirtschaft gehalten. Daher haben wir uns in Zusammenarbeit mit der Universität Zürich und der Europa-Universität Viadrina entschieden, mit der Akademie eine Plattform zur Realisierung zu schaffen. Neutral, unemotional, sachlich, wissenschaftlich begründet und professionell.

Wie setzt man wissenschaftliche Erkenntnisse in Ihrer Akademie konkret um? Wie bringen Sie das den Studierenden bei?

In der Akademie arbeiten Dozenten und Professoren von verschiedenen Universitäten. Darunter sind Verhaltensforscher, die wissenschaftliche Verhaltenstechniken lehren, Veterinärmediziner, die Grundlagen ihrer Fächer unterrichten wie Allgemeinmedizin, Gesundheitsprophylaxe, Bewegungsapparat, Sportmedizin und Reproduktion, damit die Studenten fähig werden, Probleme zu erkennen, Bewegungsmuster, Rückenabläufe zu verstehen. Damit sie unterscheiden lernen, ob sie es in bestimmten Fällen mit emotionalen, hormonellen oder körperlichen Problemen zu tun haben.

Nehmen wir das Beispiel, ob es in der Praxis zutrifft, dass »das Pferd untertritt«. Auf dem Laufband können wir mit Kraftmessungen objektiv feststellen, ob ein Pferd tatsächlich unter dem Reiter mehr Gewicht auf die Hinterhand bringt. Dabei kommen wir zu einem gemessenen Ergebnis und brauchen nicht mehr zu vermuten, zu hoffen und zu glauben.

Ein anderes Beispiel ist eine Sattelmessstudie, die der Frage nachgeht: Was ist eigentlich ein guter Sattel? Zusammen mit den Bewegungsmustern der Pferde wird der Druck gemessen, der auf den Rücken der Tiere ausgeübt wird. Man kann durch Abwehrreaktionen des

Pferdes und andere messbare Parameter eventuelle Rückenschmerzen feststellen und über diese gewonnenen Erkenntnisse neue Sattelkonzepte erarbeiten. Das alles ist zugleich wissenschaftlich und sehr praxisnah, da wir solche Erkenntnisse leicht in der Praxis umsetzen können.

Die Absolventen der Akademie werden jährlich zu Fortbildungsseminaren gebeten, damit die wissenschaftlichen Erkenntnisse immer wieder Eingang in die Praxis finden.

Wie lässt sich Ihre Arbeit mit der Auffassung
von Paul Schockemöhle vereinbaren,
der ja für einen gänzlich anderen Umgang
mit Pferden bekannt ist?

Paul Schockemöhle und das Team, mit dem ich zusam-
menarbeite, sind sehr aufgeschlossen, kooperativ und
bereit, den artgerechten, gewaltfreien und tierschutz-
konformen Umgang mit Pferden zu fördern und langfristig auch im Gestüt Lewitz zu etablieren. Es ist meine
Hoffnung, dass wir auf lange Sicht gemeinsam die These
bestätigen können, dass durch ein vertrauensvolles und
angstfreies Lernumfeld die Leistungen der Pferde auch
wirtschaftlich von höherem Nutzen sind.

Ein Anfang ist gemacht. Wir trainieren den jungen
Pferden des Gestüts Lewitz in Bad Saarow alle grund-
erzieherischen Elemente an, reiten sie ein und werden
sie in Kooperation mit dem Zuchtleiter Heinz Meyer
und unter Anleitung des Springreiters Alois Pollmann-
Schweckhorst künftig auch einspringen. Die Studierenden haben monatlichen Dressur- und Springunterricht
sowie täglich reiterliche Aufgaben unter Anleitung zu
erfüllen. Ab dem vierten Semester spezialisieren sie
sich innerhalb des Moduls Sportpferdetraining in einer
bestimmten Disziplin. So entwickelt sich die Kooperation durch die wachsende Kompetenz der jungen
Reiter auch in diesem Punkt weiter.

PERSÖNLICHES

Wer ist Ihr Lehrer Monty Roberts?

Monty Roberts wurde im Jahr 1935 in Salinas, Kalifornien, geboren und wuchs auf der elterlichen Farm auf. Als Einjähriger saß er zum ersten Mal im Sattel, und mit vier Jahren gewann er bereits sein erstes Westernturnier. Pferde waren für Monty schon seit frühester Kindheit ein wichtiger Teil seines Lebens.

Oft schaute er seinem Vater zu, wie er Pferde »gefügig« machte. Im Englischen heißt der traditionelle Ausdruck dafür: *breaking a horse* – »ein Pferd brechen«, und genau diese Methode wandte sein Vater auch an. Er band die Pferde aus, sodass sie sich nicht mehr wehren konnten, und schlug auf sie ein, bis sie sich ergaben oder manchmal auch starben.

Das Resultat war, dass die auf diese Weise »gefügig« gemachten Pferde dem Menschen aus Angst gehorchten und nicht aus freiem Willen. Das konnte Monty nie akzeptieren, weil er dabei den Respekt vor der Kreatur vermisste. Deshalb suchte er einen anderen Weg.

Mit dreizehn Jahren verbrachte er einige Wochen in der Wüste von Nevada, wo er Herden von Wildpferden beobachtete. Dabei lernte er, wie diese in Freiheit lebenden Pferde miteinander kommunizierten. Bei seiner Rückkehr nach Hause begann Monty, diese Methoden erfolgreich bei jungen Pferden anzuwenden. Mit der Zeit verfeinerte er seinen »Dialog« mit den

Pferden und war in der Lage, innerhalb von zwanzig bis dreißig Minuten mit einem nicht eingerittenen Pferd eine solche Vertrauensbasis herzustellen, dass er ihm einen Sattel auflegen und es reiten konnte – ohne dass es bockte. Er hatte die Sprache gelernt, in der Pferde miteinander kommunizieren, und in dieser Sprache redete er fortan mit ihnen.

Voller Freude wollte er seinem Vater die neue schmerzfreie Methode demonstrieren, doch er erntete von ihm nur Verachtung und Schläge, weil er sich anmaßte, nicht die althergebrachte »Einbrechmethode« zu verwenden. Zeitlebens konnten er und sein Vater keine gute Beziehung mehr aufbauen.

Der Widerstand seines Vaters bestärkte Monty in dem Willen, die gewaltfreie Methode, die er JOIN-UP nannte, weiterzuentwickeln und den Menschen zu zeigen, dass man Pferde auch gewaltfrei einreiten kann. Mit seinen Methoden hatte er sehr viel Erfolg und gewann zahlreiche American Western Riding National Championships. Monty sieht es als seine Mission an, den Menschen seine Methoden näherzubringen, indem er sie demonstriert.

Den großen Durchbruch erzielte Monty, als ihn die Königin von England 1988 einlud, seine Methoden bei ihren Rennpferden anzuwenden – der Erfolg war nicht mehr aufzuhalten. Nun war er ein berühmter Mann.

Parallel zu den Pferden wandte Monty seine JOIN-

UP-Methode auch erfolgreich bei Rehen an – die Sprache ist also universell!

Seit etwa fünfzehn Jahren hilft Monty auch Jugendlichen aus zerrütteten Elternhäusern, die durch Drogen oder Straftaten auf Abwege geraten sind, sich wieder in die Gesellschaft einzugliedern. Bis heute hat er über sechzig Jugendlichen zu einem neuen Start verholfen.

Monty Roberts Arbeit war der Universität Zürich Grund genug, ihn im Jahr 2003 mit einem Ehrendoktor der Veterinärmedizinischen Fakultät Zürich auszuzeichnen. Es wurde damit ein Zeichen für den »gewaltfreien Umgang mit Tieren« gesetzt.

Wie unterscheidet sich Ihre Arbeit
von der Ihres Lehrers?

Ich habe Monty jahrelang begleiten dürfen und dabei
in einem langen Studium intensiv gelernt, wie er arbeitet. Wir sind dabei um die halbe Welt gekommen. Un-
zählige Pferde haben wir zusammen trainiert, in vielen
Disziplinen Fortschritte gemacht.

Bei jedem guten Verhältnis zwischen Lehrer und
Schüler kommt irgendwann der Tag, an dem der Schüler, in diesem Fall die Schülerin, eigene Wege gehen
muss. Und so war es auch zwischen Monty und mir.

Nach Jahren fruchtbarer gemeinsamer Arbeit, in
denen ich unendlich viel gelernt hatte, kam der Zeitpunkt, an dem mich Montys Art und Weise, seine
Entdeckungen bei Vorführungen zu präsentieren, nicht
mehr zufriedenstellte. Außerdem wollte ich viele Meinungen, die nur Behauptungen und durch nichts be-
wiesen waren, gern hinterfragen. Und ich wollte, dass
neue Erkenntnisse über Pferde in die Praxis umgesetzt
werden. Deshalb hatte ich Sehnsucht nach einem wissenschaftlich ausgerichteten Team, das eine neue Epoche der Pferdewirtschaft einläuten sollte. Ich wollte
nicht stehen bleiben, sondern die Dinge weiterentwickeln, das, was wir bisher taten, noch besser machen.

Nicht mit allem, was Monty entschieden hat, war
ich einverstanden. Ich habe seine Arbeit am Pferd im-

mer auch kritisch durchleuchtet und hinterfragt. Nicht dass dies unser Verhältnis getrübt hätte, im Gegenteil. Monty schätzte Kritik an seiner Arbeit und war begeistert von meiner Art, analytisch an die Dinge heranzugehen. Für viele Verhaltensweisen des Pferdes in unserer Arbeit suchte ich nach Erklärungen und verspürte zunehmend den Wunsch, mit Vertretern anderer Disziplinen zusammenzuarbeiten.

Montys Weg war und ist die Vorführung, die Demonstration seiner Konzepte. Mein Weg geht in eine andere Richtung. Irgendwann war mir klar, dass es für unsere Arbeit weder eine wissenschaftlich fundierte Ausbildung, geschweige denn eine nennenswerte wissenschaftliche Forschung gab. Ich erkannte, dass die Lehre des »Pferdeflüsterns« nichts Metaphysisches, Mystisches oder Spirituelles ist, wie es oft in den Medien dargestellt und in der Öffentlichkeit wahrgenommen wurde und wird, sondern dass es um Erkenntnisse geht, die aus einem interdisziplinären Ansatz der Verhaltensforschung hervorgegangen waren. Mein Wunsch, Montys Erkenntnisse theoretisch weiterzuentwickeln, methodisch umzusetzen, hier und da zu überarbeiten und durch praktisch notwendiges zusätzliches Knowhow zu ergänzen, wurde immer größer. So kam es schließlich zur Gründung meiner Akademie.

Monty und ich sind noch immer sehr eng verbunden und pflegen einen regelmäßigen Austausch. Im vergangenen Jahr hat er über vierzehn Tage Studierende an der

AKA unterrichtet. Nicht nur in Bezug auf die Pferde, da hatten wir bereits für manches eine neue Form gefunden, sondern auch in menschlichen Belangen, wie dem Umgang miteinander, der Lösung von Konflikten und vielem mehr. Ich bin sehr froh über seine uneingeschränkte Unterstützung, auch wenn sich unsere Ansätze in verschiedene Richtungen weiterentwickelt haben. Unsere Basis und unsere Ziele bleiben immer dieselben. Es ist der gewaltfreie Umgang mit Menschen und Pferden.

Gibt es noch andere Pferdetrainer in Deutschland,
die von Monty Roberts ausgebildet wurden
und berechtigt sind, in seinem Namen zu arbeiten?

Es gibt viele Scharlatane, die immer wieder behaupten, sie seien von Monty Roberts ausgebildet worden. Manche behaupten sogar, sie hätten sich nach dieser Ausbildung aufgrund der gemachten Erfahrung umorientiert und gingen nun eigene Wege.

Den richtigen Umgang mit Pferden zu lernen, ihre Sprache und ihr Verhalten verstehen zu lernen und vor allem mit schwierigen Pferden trainieren zu können, die von vielen professionellen Trainern vorher schon aufgegeben worden sind, erfordert eine umfangreiche Ausbildung, viel Erfahrung, zahlreiche Lehrmeisterstunden und großes Engagement. Ohne Lehrer und Mentor geht das nicht.

Die meisten machen mal hier einen Kurs und dort ein Seminar, lesen ein paar Bücher und eröffnen dann eine Schule. Sie kommen zu ein paar unserer Vorführungen, machen ein Foto, und schon haben sie eine Website mit einem umfangreichen Angebot. All diese Menschen haben niemals umfangreiches Wissen von Monty Roberts persönlich vermittelt bekommen und sind nicht so ausgebildet worden, dass er sie autorisiert hat.

Ich bin die einzige in Deutschland lebende Trainerin, Instruktorin oder wie immer man es bezeichnen soll, die berechtigt ist, im Namen von Monty Roberts zu arbeiten. Alle anderen, die einmal in den USA waren, kamen und gingen, haben zu keiner Zeit das Niveau erreicht, sodass Monty ein Arbeiten in seinem Namen zugelassen hätte. Monty hat seinen Namen und den Begriff JOIN-UP schützen lassen. Wer in Deutschland behauptet, er würde JOIN-UP umsetzen und sei berechtigt, es zu unterrichten, tut dies ohne die Erlaubnis von Monty Roberts.

Monty Roberts hat Namen und Begriff nicht schützen lassen, um damit gewinnträchtig arbeiten zu können. Nein, er bekommt keine Lizenzgebühr, er hat mich in all den Jahren ausgebildet, weil er in mir jemanden gesehen hat, der die Konzepte weiterträgt und weiterentwickelt. Dazu gehört ein jahrelanges Studium. Monty Roberts studiert die Sprache des Pferdes seit über sechzig Jahren. Es ist nicht möglich, in einem Vier-Wochen-Kurs die Grundlagen zu erlernen. Es gibt gute Gründe, sich zu wünschen, dass sich niemand anmaßt, in seinem Namen zu arbeiten, zum einen, um die Pferde vor falschem Umgang zu schützen, zum anderen, damit das Konzept von Monty nicht unberechtigt kopiert und verwässert wird.

Die Einzigen in Deutschland, die später auf dem Markt auf Grundlage der Konzepte von Monty Roberts aktiv sein werden, sind die Absolventen der Akademie. Sie haben drei Jahre an der Seite von Wissenschaftlern,

Ethologen, erfahrenen Reitern, Pädagogen, Psychologen und Pferdeexperten gelernt. Aber auch sie werden nicht in Monty Roberts' Namen arbeiten, sondern in ihrem eigenen. Wirklich gute Fachleute müssen sich nicht mit fremden Federn schmücken, sie können sich durch die Kompetenz, die sie besitzen, einen eigenen Namen machen. Wer auf seinen Prospekten mit den Namen von zehn Pferdeflüsterern wirbt, nur weil er hier und da mal einen Tag zugesehen hat, ist unglaubwürdig und tut dies ohne Berechtigung.

Was hat Ihnen die wissenschaftliche Arbeit persönlich gebracht?

Ich bin durch den Umgang mit den Wissenschaftlern der Pferdeklinik der Veterinärmedizinischen Fakultät der Universität Zürich unter der mich unterstützenden Leitung von Prof. Dr. Jörg Auer wesentlich gelassener und auch zufriedener geworden. Ich bin durch das universitäre Umfeld und die Aufnahme, die ich dort fand, nicht mehr allein.

Wenn man mir kritische Fragen stellt, werde ich nicht persönlich angegriffen, sondern fühle mich aufgefordert, eine Thematik voranzubringen, zusammen mit ihnen ein Problem zu lösen. Man zieht gemeinsam an einem Strang und versucht, etwas Neues zu entwickeln, um Fortschritt zu ermöglichen. Für mich ist es unendlich bereichernd und wohltuend, in einer universitären Umgebung zu sein.

Ich bin glücklich und dankbar dafür, als Lehrbeauftragte der Pferdeklinik der Universität die Studenten im Schwerpunkt Pferd fortbilden zu dürfen.

Wenn einer der Dozenten in mein Arbeitszimmer kommt, freue ich mich jedes Mal. Dann reden wir konstruktiv über die Akademie, das Curriculum, die Studenten, offene Fragen und weitere Vorgehensweisen. Das geschieht immer nur zum Wohl der Sache. Der kritische Umgang miteinander und die ständige Bereitschaft, sich selbst und sein Tun zu hinterfragen, sind nicht nur selbstverständlich, sondern auch bereichernd.

Durch wissenschaftliches Denken und Umgehen mit Problemen ist es mir endlich möglich geworden, mit anderen konstruktiv über meine Materie zu reden und nicht stundenlange Gespräche und Diskussionen zu führen, die ins Leere gehen und niemanden weiterbringen.

Ich bin heute umgeben von Fachleuten, die in der Lage sind, Dinge in zwei Sätzen unemotional und sachlich zu formulieren und auf den Punkt zu bringen. Das ist eine sehr effiziente und wohltuende Art der Arbeit. Ich genieße meine jetzige Aufgabe durch diese professionelle Interdisziplinarität sehr.

Sind Sie zufrieden mit dem, was Sie bisher geleistet haben?

Es gibt noch so viel zu tun, es liegt noch so viel vor mir, dass es mir zu früh erscheint, zurückzublicken oder Bilanz des bisher Erreichten zu ziehen.

Es ist im Hinblick auf die Größe der Aufgabe noch so wenig geschafft, dass ich gar keine Muße habe, darüber nachzusinnen. Ich glaube, dass ich bisher nicht allzu viel falsch gemacht habe, aber dennoch bin ich noch nicht am Ziel angekommen. Wir haben noch viele Hindernisse zu überwinden und werden sicher noch den einen oder anderen Rückschlag erleben.

Mein besonderer Dank gilt in diesem Zusammenhang Ulli und Hans-Peter Haselsteiner, Prof. Dr. Brigitte von Rechenberg, Prof. Dr. Jörg Auer und Prof. Dr. Stephan Kudert, ohne deren Unterstützung ich niemals so schnell und so weit vorangekommen wäre.

Hinter einem solchen Team steht noch eine Reihe von Helfern, die zum Erfolg beitragen. Sie alle hier zu nennen ist leider unmöglich. Aber fest steht, dass ich ohne Angelika Schellbach, die den Kopf im Sekretariat selbst bei stärkstem Sturm nicht einzieht, sicher nicht so konzentriert hätte arbeiten können. Danke!

Wir werden gemeinsam weitermachen und dafür Sorge tragen, dass mit jedem Tag die Welt ein bisschen besser wird. Für die Pferde und auch für die Menschen.

Was sind Ihre Ziele nach dem Aufbau der Akademie?

Ich habe noch sehr viele Ziele, denn die Arbeit ist noch lange nicht geschafft.

Als ich damit begann, in Deutschland meine Ideen vorzustellen, anzuwenden und umzusetzen, hatte ich oft ein Zitat von Galileo Galilei im Sinn: »Zunächst Unvorstellbares wird sich einst in unverschleierter Pracht offenbaren.«

Dann habe ich mir immer ausgemalt, wie ich eines Tages in hohem Alter in der Akademie sitze und manchmal gebeten werde, Geschichten von früher zu erzählen. Ich würde dann, so stellte ich mir vor, den jungen Studenten erzählen, dass man zu meiner Zeit noch Pferde geschlagen und eingesperrt hatte, wenn sie etwas nicht verstanden hatten. Und ich sah dann vor mir, wie sie mir mit ungläubigem Blick aufmerksam zuhören würden. Wie schön wäre es, wenn ich es wirklich erleben könnte, von der Gewalt gegenüber Pferden in der Vergangenheit zu reden.

Aber bis dahin wird noch viel Zeit vergehen, und es gibt viele Aufgaben zu erfüllen. Heute, wo so vieles schon greifbar wird und viel Umdenken stattfindet, wünsche ich mir, dass meine Vorstellungen auch über die Landesgrenzen hinaus bekannt und wirksam werden. Und so fördere ich die Kooperation mit dem Ausland.

Wir unterrichten an der Akademie auch osteuropäische Sprachen. Englisch ist Pflichtfach, Polnisch und Russisch sind Wahlfächer.

Mein erstes Buch, *Die Pferdeflüsterin erzählt*, ist in Polen auf den Markt gekommen, und die polnische Reitervereinigung hat uns um Kooperation gebeten.

Vor Kurzem hatte ich ein Gespräch mit einem russischen Pferdespezialisten. Als ich ihm erzählte, dass ich gewaltfrei Pferde trainiere, kam ein striktes und sehr, sehr klares »*That's impossible*«. Ich war zunächst geschockt, dass er meine Arbeit für absolut unmöglich hielt, dann aber habe ich mir gesagt: So viel Klarheit ist besser, als die Dinge zu verschleiern.

In Deutschland agiert man nicht selten im Dunkeln und verhaut Pferde lieber heimlich und nicht öffentlich. Und wenn es mal einer öffentlich tut, dann wird er an den Pranger gestellt, wenn ein Tierschützer davon Aufnahmen macht. Dann werden Vorgänge in den Medien oft verzerrt dargestellt, wie es damals auch bei Schockemöhle passierte, obwohl das, was er tat, vor allem in dieser Zeit von nahezu allen Springreitern praktiziert wurde. Es waren die gängigen Trainingsmethoden.

Neulich wurde wieder eine Reiterin in sämtlichen Zeitungen öffentlich gescholten. Alle wetterten, nannten es »unmöglich« und »unfassbar«. Ich sprach daraufhin mit einem siebzigjährigen Zuchtverantwortlichen und fragte ihn nach seiner Meinung. Er sagte: »Wie kann man nur so dumm sein? Wir haben es schon immer so gemacht, aber wir haben uns eben nicht erwischen lassen.«

Vor diesem Hintergrund waren die Worte des russischen Kollegen wenigstens ehrlich. Es tat mir gut, jemanden reden zu hören, der sein System so klar definiert – ohne jegliche Verteidigung. Da gab es einen Ansatzpunkt, man konnte konstruktiv diskutieren und auch über die Natur der Pferde sprechen. Wer seine Taten verheimlicht und nicht dazu steht, kann sich nicht öffnen. Wer dazu steht und aufgeschlossen ist, kann etwas annehmen, weil er nichts zu verbergen hat.

Mir wurde durch dieses Gespräch wieder deutlich, wie viel Aufklärung über das wahre Wesen der Pferde und den richtigen Umgang mit ihnen noch nötig ist. Ich möchte weiter Filme machen, Wissen verbreiten, wo immer es möglich ist, Reitschulen und Trainingszentren gründen, intensiv Forschung betreiben, einfach alles tun, was der Verbreitung meiner Nachricht hilft.

Was ist das Wichtigste, das Sie persönlich von Pferden gelernt haben?

Da gibt es viele Dinge. Ich habe Fairness, Disziplin, Liebe, Respekt, Gerechtigkeit, Toleranz, Verständnis, Verantwortungsbewusstsein, Ehrlichkeit, Teamarbeit, Führungsqualitäten und vor allem Selbstdisziplin gelernt.

Selbstdisziplin bedeutet, sich und auch sein Ego so zu kontrollieren, dass nichts außer Kontrolle gerät und man innere Zufriedenheit und Glück empfinden kann. Ich habe gelernt, die Widersetzlichkeit eines Pferdes zu lesen und zu verstehen und das auch auf den Umgang mit Menschen zu übertragen. Ungerechtigkeit oder Gemeinheiten eines Gegenübers aushalten zu können und sich nicht zu Wutausbrüchen oder Schlägen hinreißen zu lassen, das bedarf einer Menge Selbstdisziplin. Pferde lassen sich nur zu Gewalt hinreißen, wenn ihr Überleben massiv gefährdet wird und jegliche Form der Kommunikation oder Flucht nicht mehr zu einer Lösung führt.

Je mehr ich darüber im Umgang mit Pferden gelernt habe, desto mehr verstand ich über Menschen, über mich und das eigene Handeln. Ich habe auch gelernt, mich immer wieder neu zu orientieren, mich auf mein Umfeld einzustellen und meine eigenen Entscheidungen zu treffen, danach zu leben und dazu zu stehen.

Man ist immer selbst verantwortlich für sein eigenes Handeln und in mancher Hinsicht für das Handeln und Verhalten des Gegenübers. Die Nachricht entsteht beim Empfänger.

Das bedeutet aber auch, dass man, wenn man Fehlentscheidungen trifft, daran nicht zerbricht und sie als eine Chance nutzt, wieder ein Stück reifer und weiser zu werden. Man muss die Erfahrung des Scheiterns zulassen und gestärkt aus dem daraus entstandenen Konflikt hervorgehen.

Das ist leichter gesagt als getan. Pferde leben diese Lebensphilosophie meisterlich. Jeden Tag stehen sie wieder vor einem und geben einem eine Chance. Ein Pferd handelt so, wie Sie es behandeln. Sie tragen in jeder Situation die Verantwortung für sich und Ihr Gegenüber.

Ich habe von Pferden gelernt, nichts zu vergessen, aber vieles zu vergeben. Im Verhalten von Pferden genauso wie von Menschen. Mein Leben ist durch diese Erkenntnis und meine wachsende Selbstdisziplin glücklicher und erfüllter geworden.

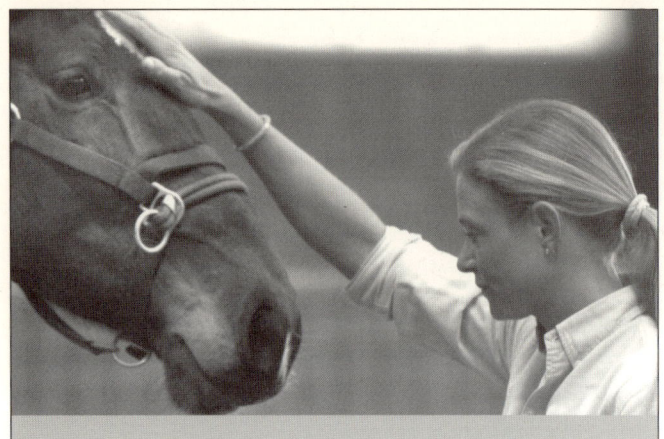

Powerfrau und Pferdeflüsterin:
Andrea Kutsch erzählt aus ihrem Leben

Andrea Kutsch
DIE PFERDEFLÜSTERIN
ERZÄHLT
Sachbuch
256 Seiten
Mit 24 Seiten farbigem
Bildtafelteil
ISBN 978-3-404-60599-6

Ein ungerittenes Pferd innerhalb von nur zwanzig Minuten an Sattel, Trense und Reiter gewöhnen, das schafft nur Monty Roberts. Und seine beste Schülerin Andrea Kutsch.

In diesem Buch erzählt sie von wichtigen Ereignissen: vom ersten Pony, von Wasser und Windsurfen, vom Wiedererwachen der Pferdeleidenschaft und von der ersten Begegnung mit Monty Roberts. Spannend schildert sie die wichtigsten Momente in ihrer Pferdelehre und wie das überwältigende Wissen des Meisters auf sie gewirkt hat.

Ihre Botschaft: Träume verwirklichen, wenn sie am stärksten sind, denn entscheidend ist die echte Leidenschaft.

Bastei Lübbe Taschenbuch